GIS 空间分析与建模高级实验教程

吴　浩　黎　华　涂振发　肖　佳　编著

科学出版社

北　京

内 容 简 介

本书共 9 个实验，包括核密度估计、空间自相关、空间聚类、空间可达性分析、空间选址分析、空间插值、地理加权回归、水文分析与模拟和土地利用变化时空模拟与预测。每个实验都自成体系，且以实际应用场景来设计实验，这些实际应用包括资源环境承载力、医疗服务的可达性、通信基站的选址、土壤含水量评价预测、洪水过程模拟、土地利用时空变化模拟等，让读者在实际案例中掌握地理信息系统的空间分析方法。本书内容深入浅出、实验过程翔实，读者可视情况自由选择学习。

本书可以作为高等学校地理信息科学、地理科学、遥感科学与技术等专业高年级本科生和研究生的实验教材，也可供其他相关专业科技人员参考。

图书在版编目（CIP）数据

GIS 空间分析与建模高级实验教程/吴浩等编著. —北京：科学出版社，2023.8

ISBN 978-7-03-076175-0

Ⅰ. ①G… Ⅱ. ①吴… Ⅲ. ①地理信息系统–系统建模–教材 Ⅳ. ①P208.2

中国国家版本馆 CIP 数据核字（2023）第 149431 号

责任编辑：杨 红 郑欣虹/责任校对：杨 赛
责任印制：赵 博/封面设计：迷底书装

科学出版社 出版
北京东黄城根北街 16 号
邮政编码：100717
http://www.sciencep.com
北京富资园科技发展有限公司印刷
科学出版社发行 各地新华书店经销
*
2023 年 8 月第 一 版 开本：720×1000 1/16
2025 年 1 月第四次印刷 印张：11 1/2
字数：231 000

定价：59.00 元

（如有印装质量问题，我社负责调换）

前　言

地理信息系统（geographic information system，GIS）是在计算机硬、软件系统支持下，对整个或部分地球表层（包括大气层）中的有关地理分布数据进行采集、储存、管理、运算、分析、显示和描述的技术系统。经过多年的技术融合和自身发展，已经成为一门交叉性学科。随着空间位置的概念逐步深入人心，GIS广泛应用于资源管理、区域规划、国土监测和辅助决策等多个领域，并越来越多地运用于社会生活的方方面面，是一门实践性很强的学科。

在地理信息科学的专业教学中，如何提高学生的实践动手能力和创业就业能力，同时构建完善的地理信息科学专业的空间分析高级实验教学体系，进而提升教学教育实效，是摆在教学工作者面前的一个难题。空间分析和建模是 GIS 系统区别于其他类型系统的最主要功能特征之一，同时也是 GIS 的核心功能。通过空间分析和建模，可以挖掘空间数据的内涵，分析获取新的地理信息，基于应用目标和问题建模，能够解决实际的复杂问题，让 GIS 的辅助空间决策能力得到充分体现。本书将 GIS 中的空间分析、地理模型和应用场景有机结合，让学生掌握空间分析方法的同时，熟悉地理建模的具体原理、方法和过程，解决实际应用问题，提高学生的实践能力。

本书采用 ArcGIS pro2.5 作为实验操作的主要平台。它是 ESRI 公司推出的新一代 GIS 桌面平台，原生态 64 位内核，在三维、渲染、用户界面（user interface，UI）等多方面表现卓越，具备完备的数据管理、地图制图、空间分析等功能。由于有些实验综合性较强，部分实验也采用了其他相关的软件产品，包括 GeoDa 软件和 IDRISI 软件。GeoDa 是一款免费的开源软件，具有操作简便、轻量等特点，GeoDa 软件还提供了空间聚类、统计制图、回归分析等地理分析方法的分析工具，是当前进行地学统计和地理信息处理的有效工具之一。IDRISI 软件在栅格分析方面处于行业领先水平，可满足全方位的地理信息系统和遥感技术应用的需求，该软件包括遥感图像处理、地理信息系统分析、决策分析、空间分析、土地利用变化分析、全球变化监测、时间序列分析、地统计分析、图像分割、不确定性和风险分析、变化模拟等 300 多个实用且专业的模块。三款软件的综合运用，为实验的正常开展提供了平台上的支持。

本书共分四篇 9 章，每章都是一个具体应用场景，将具体的空间分析方法运用其中。第一篇是“空间分布”篇，探究地理对象的空间分布特征以及空间相互关系，包括核密度估计（第 1 章）、空间自相关（第 2 章）、空间聚类（第 3 章）；

第二篇是“空间配置”篇，分析地理对象的空间布局以及资源配置，包括空间可达性分析（第 4 章）、空间选址分析（第 5 章）；第三篇是“空间预测”篇，探索地理对象的时空变化趋势以及离散数据连续化的建模方法，包括空间插值（第 6 章）、地理加权回归（第 7 章）；第四篇是“空间模拟”篇，实践常用的时空动态模型，包括水文分析与模拟（第 8 章）和土地利用变化时空模拟与预测（第 9 章）。本书以地理信息科学中的多个实际应用案例作为切入点，将地理信息系统中的空间分析手段和技术融入其中，让学生在掌握实际应用的同时，潜移默化地运用空间分析手段解决实际问题。每个应用实验案例自成体系，且以实际应用场景来设计实验，这些实际应用包括犯罪热点分析、资源环境承载力、商业网点聚类、医疗服务的可达性、土壤含水量评价、房价时空影响分析、洪水模拟与预测、土地利用时空变化模拟等。学生通过每章实验的学习，不仅能掌握空间分析的具体分析过程，而且能够解决科研和工作中遇到的类似问题。每章后面都有对应的思考题，帮助读者进行复习，做到举一反三。每章都提供了实验所需数据，便于读者练习，实验数据获取方式为：读者登录 http://www.ecsponline.com 网站，通过书号、书名或作者名检索找到本书，在图书详情页“资源下载”栏目中下载。如有问题可发邮件到 dx@mail.sciencep.com 咨询。作者还录制了部分实验的操作视频，读者可通过扫描书中二维码观看。

吴浩、黎华、涂振发负责全书的总体构思、设计、组织、审稿和定稿工作，华中师范大学肖佳老师负责部分章节的编写和全部图件的统稿、技术指导工作，华中师范大学地理信息科学专业研究生林安琪、江志猛、岑鲁豫、张谦和武汉理工大学地理信息科学专业研究生凯吾沙·塔依尔、毛瑞涵负责了部分章节实验步骤的操作和文字撰写工作。在此对所有老师和同学的奉献与付出表示衷心的感谢。本书在编写过程中也参考和吸收了国内外部分学者和专家的研究成果，在此表示感谢！

由于地理信息技术发展快速，再加之作者水平有限，书中难免存在不妥之处，敬请各位读者批评指正。

作　者

2022 年 12 月

目 录

第三篇　空　间　预　测

第四篇　空 间 模 拟

第一篇　空间分布

第 1 章　核密度估计

1.1　理 论 基 础

1.1.1　理论概述

核密度估计（kernel density estimation，KDE）是在概率论中用来估计未知的密度函数，属于非参数检验方法之一。由给定样本点集合求解随机变量的分布密度函数问题是概率统计学的基本问题之一，解决这一问题的方法包括参数估计和非参数估计，参数估计又可分为参数回归分析和参数判别分析。在参数回归分析中，人们假定数据分布符合某种特定的性态，如线性、可化线性或指数性态等，然后在目标函数族中寻找特定的解，即确定回归模型中的未知参数。在参数判别分析中，人们需要假定作为判别依据的、随机取值的数据样本在各个可能的类别中都服从特定的分布。经验和理论说明，参数模型的这种基本假定与实际的物理模型之间常常存在较大的差距，这些方法并非总能取得令人满意的结果。由于上述缺陷，Rosenblatt 和 Parzen 提出了非参数估计方法，即核密度估计方法，又名 Parzen 窗（Parzen window）。

由于核密度估计方法不利用有关数据分布的先验知识，对数据分布不附加任何假定，是一种从数据样本本身出发研究数据分布特征的方法，因而，在统计学理论和应用领域均受到高度的重视。核密度估计方法被引入到 GIS 领域，通常用于空间数据的分析与可视化，其目的是理解和预测事件发生的空间模式。至今，核密度估计方法广泛应用于诸多领域，如犯罪分析、风险评估和损害分析、消防和救援服务应急计划、道路事故等。

1.1.2　基本原理

核密度估计法认为地理事件可以发生在空间的任何位置上，但是在不同的位置上，事件发生的概率不一样。点密集的区域事件发生的概率高，点稀疏的区域事件发生的概率低。KDE 反映的就是这样一种思想：使用事件的空间密度分析表示空间点模式。和样方计数法相比，KDE 更适合用可视化方法表示分布模式。

在 KDE 中，区域内任意一个位置都有一个事件密度，这是和概率密度对应的概念。空间模式在点 S 上的密度或强度是可测度的，一般通过测量定义在研究区域中单位面积上的事件数量来估计。最简单的事件密度估计方法是在研究区域中使用滑动的圆来统计出落在圆域内的事件数量，再除以圆的面积，就得到估计点 S 处的事件密度。

设 S 处的事件密度为 $\lambda(s)$，其估计为 $\lambda(s)$。公式为

$$\lambda(s)=\frac{\# S \in C(s,r)}{\pi r^2} \tag{1-1}$$

其中，$C(s,r)$ 为以点 s 为圆心，r 为半径的圆域；# 为事件 S 落在圆域 C 中的数量。

点密度估计的主要问题是求解出的密度函数不是平滑的，并且受圆域半径大小的影响极大。引入核函数构建核密度估计模型，能够解决密度函数不平滑的问题，并在一定程度上减弱了圆域半径对密度函数的影响。单变量核密度估计函数形式为

$$\widehat{f_h}(x)=\frac{1}{nh}\sum_{i=1}^{n}K\left(\frac{x-x_i}{h}\right) \tag{1-2}$$

其中，K 为核或核函数（非负函数）；$h>0$ 为一个光滑参数（超参数），称为带宽（bandwidth）；n 为样本量。

单变量核密度估计可以推广到多变量形式，若多个变量是相互独立的，那么其核密度估计函数形式为

$$\widehat{f_{\boldsymbol{H}}}(\boldsymbol{x})=\frac{1}{nh^d}\sum_{i=1}^{n}K\left(\frac{\boldsymbol{x}-\boldsymbol{x}_i}{h}\right) \tag{1-3}$$

考虑 $d=2$ 的情况，该双变量核密度估计函数即为平面（二维空间）中的核密度函数。

在地理学中，核密度分析工具用于计算要素在其周围邻域中的密度。此工具既可计算点要素的密度，也可计算线要素的密度。核密度分析可用于测量建筑密度、获取犯罪情况报告，以及发现对城镇或野生动物栖息地造成影响的道路或公共设施管线。可使用 Population 字段根据要素的重要程度赋予某些要素比其他要素更大的权重，该字段还允许使用一个点表示多个观察对象。例如，一个地址可以表示一栋有 6 个单元的公寓，或者在确定总体犯罪率时可赋予某些罪行比其他罪行更大的权重。对于线要素，分车道的高速公路可能比狭窄的土路产生更大的影响，高压输电线可能比常压输电线产生更大的影响。

1. 点要素的核密度分析

核密度分析用于计算每个输出栅格像元周围的点要素的密度。概念上，每个点上方均覆盖着一个平滑曲面。在点所在位置处表面值最高，随着与点的距离的增大，表面值逐渐减小，在与点的距离等于搜索半径的位置处表面值为零。仅允许使用圆形邻域。曲面与下方的平面所围成的空间的体积等于此点的 Population 字

段值，如果将此字段值指定为 NONE，则体积为 1。每个输出栅格像元的密度均为叠加在栅格像元中心的所有核表面的值之和。

2. 线要素的核密度分析

核密度分析用于计算每个输出栅格像元的邻域内的线状要素的密度。概念上，每条线上方均覆盖着一个平滑曲面。其值在线所在位置处最大，随着与线的距离的增大此值逐渐减小，在与线的距离等于指定的搜索半径的位置处此值为零。因为定义了曲面，所以曲面与下方的平面所围成的空间的体积等于线长度与 Population 字段值的乘积。每个输出栅格像元的密度均为叠加在栅格像元中心的所有核表面的值之和。

1.2 实验目的

（1）了解核密度估计（KDE）方法的产生背景，理解 KDE 方法的基本原理，辨析点密度、线密度分析与核密度分析之间的区别与联系。

（2）熟练使用 ArcGIS Pro 软件中的密度（Density）分析工具，能够对点与线矢量数据进行密度分析，包括点密度、线密度及核密度分析，能够正确解读密度分析的结果。

（3）能够将具体的领域（如犯罪、交通等）应用问题转化为可操作的密度分析问题，并基于不同的应用场景选择适合的密度分析方法。

1.3 实验场景与数据

1.3.1 实验场景

密度分析在犯罪及交通领域有着广泛的应用，常用于探索犯罪发生的热点区域，以及交通网络中路网密集的核心区域等。本实验将密度分析应用于 A 市（图 1-1）的犯罪及交通网络空间分布情况。利用点的密度分析工具（包括点密度分析与核密度分析）探索 A 市的犯罪的集聚情况及犯罪热点的分布；利用线的密度分析工具（包括线密度分析与核密度分析）探索 A 市的交通路网分布情况，展示路网密集的核心区域。

1.3.2 实验数据

（1）A 市 2016 年 1 月的犯罪（事件）数据（Crimes.csv），包含犯罪事件的类型及发生地的经纬度坐标，坐标系统：GCS_WGS_1984；

（2）A 市的路网矢量数据（KDE.gdb→Roads），数据投影坐标系统：Hotine_Oblique_Mercator_Azimuth_Natural_Origin。

图 1-1　实验区域

（3）A 市的行政区划矢量数据（KDE.gdb→Tract），数据投影坐标系统：Hotine_Oblique_Mercator_Azimuth_Natural_Origin。

1.4　实验内容与流程

对 A 市的犯罪数据与路网数据进行密度分析，绘制犯罪与路网密度图，呈现 A 市犯罪与路网的基本空间分布情况，探索犯罪与路网的空间集聚模式，为针对犯罪与交通等的空间规划与空间决策提供支持。实验内容包括以下三个部分，实验具体流程见图 1-2。

（1）A 市犯罪数据的矢量化与投影变换。

（2）A 市犯罪数据（点）矢量数据的密度分析与核密度分析，以及输出栅格结果的比较分析。

（3）A 市路网（线）矢量数据的线密度分析与核密度分析，以及输出栅格结果的比较分析。

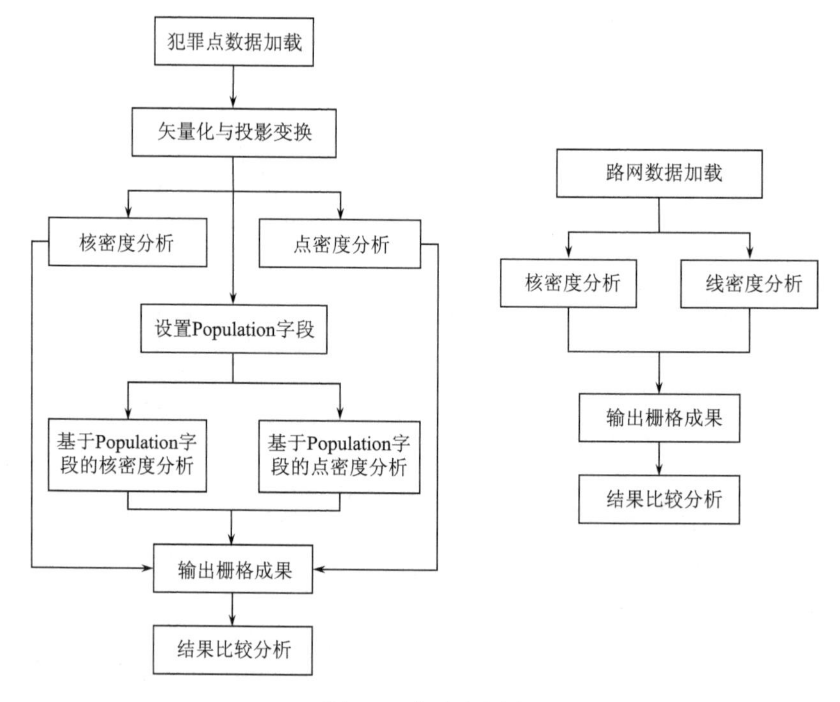

图 1-2 实验流程图

1.5 实验步骤

1.5.1 软件工具

ArcGIS 软件提供了完备的核密度分析工具，本实验将利用 ArcGIS Pro 2.5 的密度分析工具包开展相关实验。本实验同时开展点密度分析与线密度分析，探索核密度分析与其他密度分析之间的区别与联系。ArcGIS Pro 2.5 的密度分析工具包提供的分析工具包括以下几种。

1. 核密度分析

核密度（kernel density）分析工具包含 8 个参数：①输入点或折线要素（input point or polyline features）；② 填充字段（population field）；③输出栅格（output raster）；④输出像元大小（output cell size）（可选）；⑤搜索半径（search radius）（可选）；⑥面积单位（area units）（可选）；⑦输出值为（output values are）（可选）；⑧方法（method）（可选）。

2. 点密度分析

点密度（point density）分析工具包含 6 个参数：①输入点要素（input point features）；②填充字段（population field）；③输出栅格（output raster）；④输出像

元大小（output cell size）（可选）；⑤邻域分析（neighborhood）（可选）；⑥面积单位（area units）（可选）。

3. 线密度分析

线密度（line density）分析工具包含 6 个参数：①输入折线要素（input polyline features）；② 填充字段（population field）；③输出栅格（output raster）；④输出像元大小（output cell size）（可选）；⑤搜索半径（search radius）（可选）；⑥面积单位（可选）（area units）。以上参数说明可参考 ArcGIS Pro 帮助文档。

1.5.2　犯罪事件文本数据的矢量化与投影变换

1. 加载行政区划数据

通常而言，我们针对特定区域展开密度分析，首先需要载入 A 市的行政区划矢量数据（Tract 级别），见图 1-3。

图 1-3　加载行政区划矢量数据

2. 加载犯罪事件文本数据

选择【地图】→【添加数据】→【XY 点数据】，打开添加 XY 数据对话框（图 1-4）。① 点击【浏览】，打开载入文本数据对话框（图 1-5），载入文本数据 Crimes.csv；② 指定【X 字段】：longitude；③ 指定【Y 字段】：latitude；④设置输入坐标的【坐标系】为：地理坐标系 GCS_WGS_1984；⑤ 点击 运行，犯罪事件文本数据实现可视化（图 1-6）。

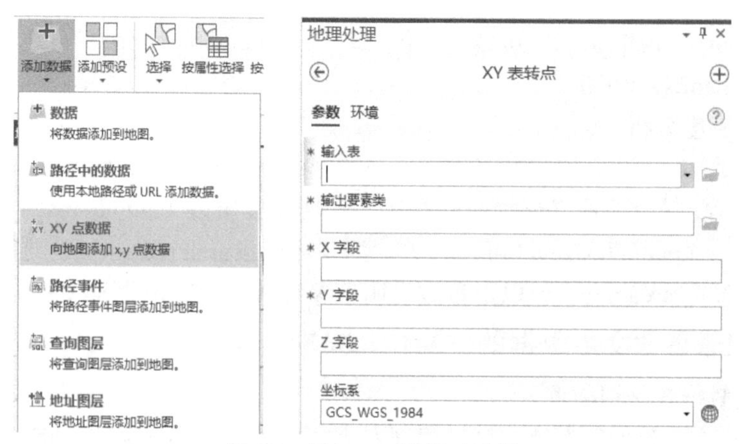

图 1-4　添加 XY 数据对话框

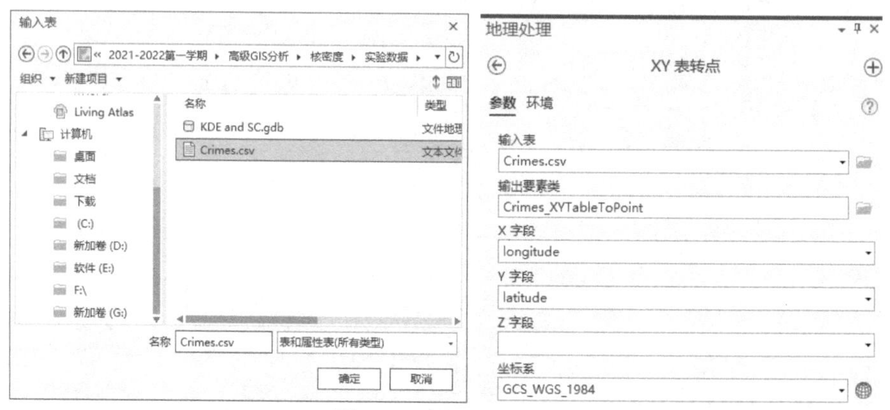

图 1-5　添加 XY 数据

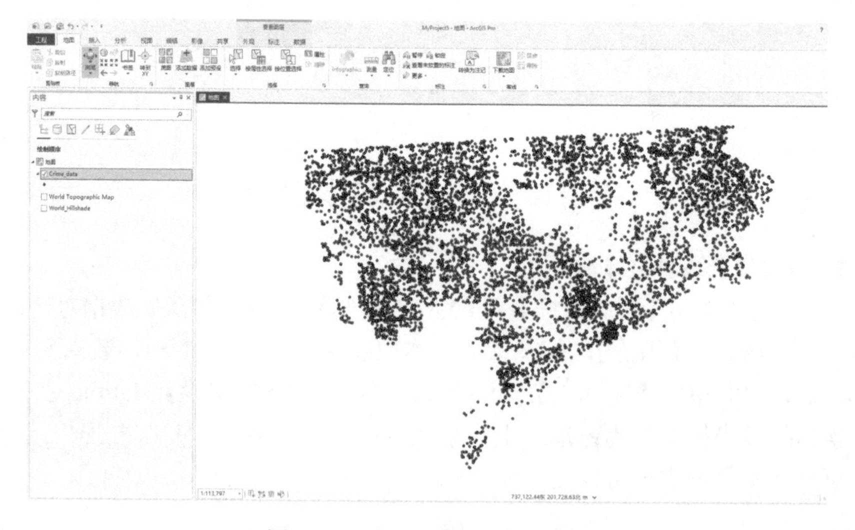

图 1-6　添加犯罪事件文本数据

3. 犯罪点矢量数据投影变换

选择【工具箱】→【数据管理工具】→【投影和变换】→【投影】，打开投影对话框（图 1-7）。① 指定【输入数据集或要素类】，点击▾，选择：Crimes_XYTableToPoint；② 指定【输出数据集或要素类】，点击📁，选择存储于：KDE.gdb → Crimes；③ 指定【输出坐标系】，点击▾，选择数据集：Tract，设置输出投影坐标系为 NAD_1983_Michigan_GeoRef_Meters；④ 点击 运行 ▶ ▾，犯罪点矢量数据完成投影变换。

图 1-7　犯罪点矢量数据投影变换对话框

1.5.3　犯罪点矢量数据的核密度分析与点密度分析

（1）载入 A 市行政区划数据与投影之后的犯罪文本数据。

（2）犯罪文本数据核密度分析。选择【ArcToolbox】→【Spatial Analyst 工具】→【密度】→【核密度分析】，打开核密度分析对话框（图 1-8）。① 指定【输入点或折线要素】，点击▾，选择：Crimes。② 指定【填充字段】，点击▾，选择：NONE。③ 指定【输出栅格】，点击📁，选择存储于：KDE.gdb → Crimes_KernelD。④ 指定【处理范围】，点击**环境**，选择范围为：Crimes。⑤ 其他可选参数项使用默认值，点击 运行 ▶ ▾，得到核密度分析结果（图 1-9）。

（3）核密度分析结果分级显示。右键点击图层 Crimes_KernelD，然后点击【符号系统】，打开符号系统对话框：①【主符号系统】选项，选择“分类”。②【方法】选项，选择“自然断点分级法（Jenks）”（图 1-10）。③【类】选择：7。④ 选择合适的【配色方案】，得到点密度分析分级结果，并将标注改为区间格式（图 1-11）。

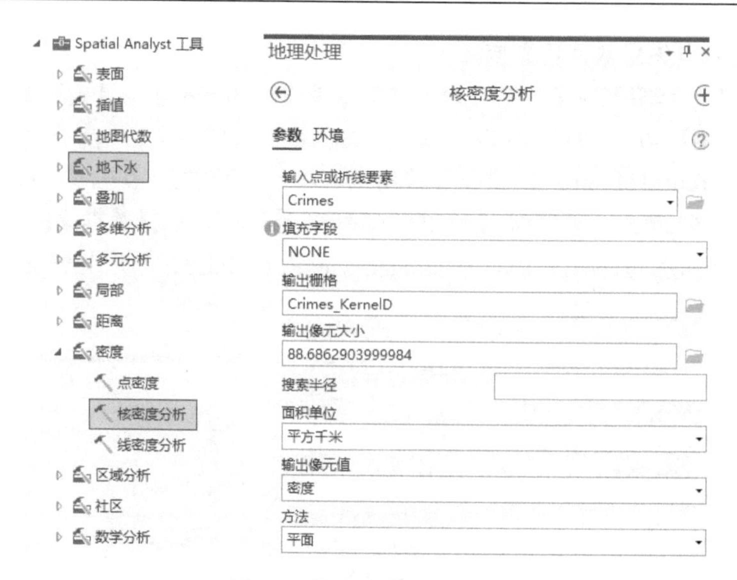

图 1-8　核密度分析对话框

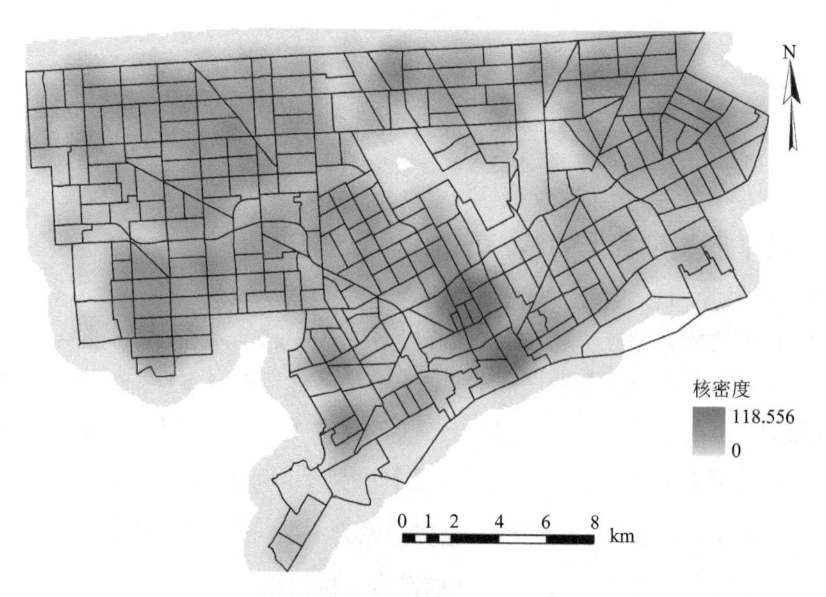

图 1-9　犯罪数据核密度分析结果

（4）自定义填充字段。右键点击图层 Crimes，然后点击【属性表】（图 1-12）。① 在属性表窗口点击 添加，打开添加字段对话框，添加 Population 字段（图 1-13）。② 选择【地图】，点击【按属性选择】，打开按属性选择图层对话框；【输入行】选项，选择“Crimes”；【选择类型】选项，选择“新建选择内容”；点击 + 新建表达式，新建查询语句，“Where category 包括值 AGGRAVATED ASSAULT,

图 1-10　自然断点分级显示

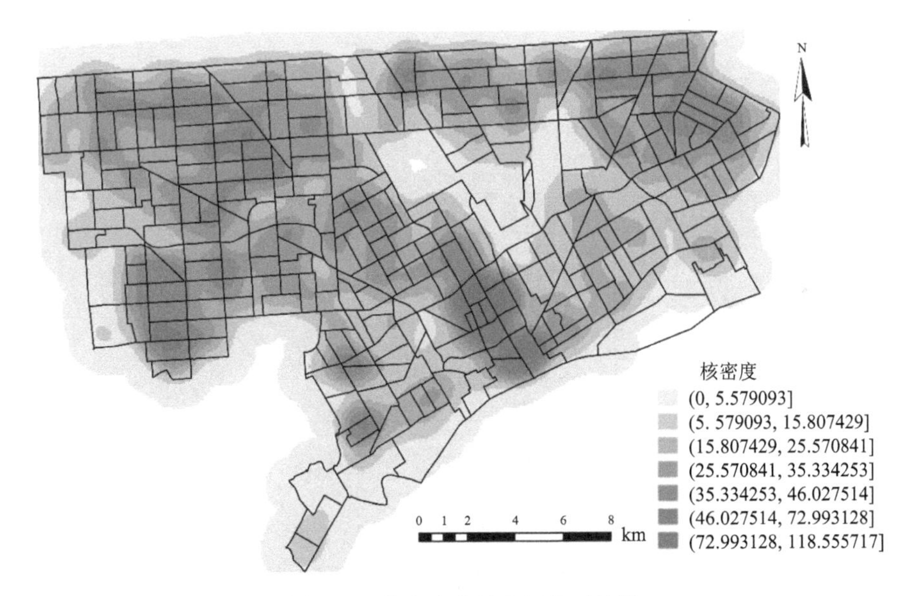

图 1-11　核密度分析分级显示结果

ARSON, HOMICIDE, KIDNAPPING, WEAPONS OFFENSES”，将属于以上类型的犯罪事件点挑选出来（图 1-14）。③ 右键点击属性表窗口的“Population”字段，点击【计算字段】，打开字段计算器窗口，在赋值框中键入“3”，也就是将②中选择出的犯罪事件点的 Population 值设为 3（图 1-15）。④ 重复②和③的操作，将类型为 ASSAULT、BURGLARY、DANGEROUS DRUGS、FRAUD、

OBSTRUCTING THE POLICE、OTHER BURGLARY、ROBBERY 的犯罪事件的 Population 值设为“2”；其他类别犯罪事件的 Population 值设为“1”。

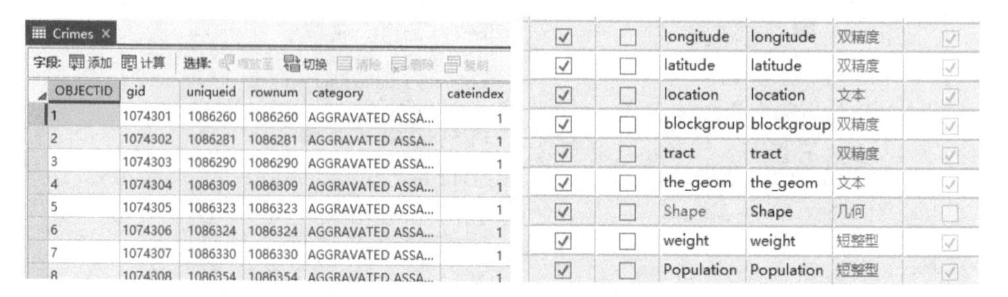

图 1-12　打开属性表　　　　图 1-13　添加 Population 字段

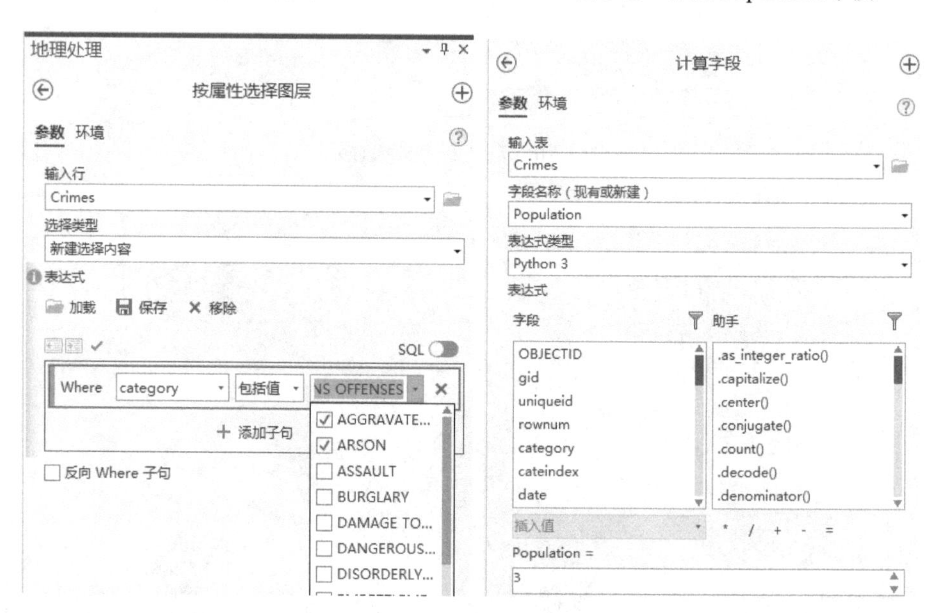

图 1-14　按属性选择犯罪事件点　　　　图 1-15　Population 字段赋值

（5）基于 Population 字段的核密度分析。重复（2）的操作，选择【ArcToolbox】→【Spatial Analyst 工具】→【密度】→【核密度分析】，打开核密度分析对话框。① 指定【输入点或折线要素】，点击 ▾，选择：Crimes。② 指定【填充字段】，点击 ▾，选择：Population。③ 指定【输出栅格】，点击 📁，选择存储于：KDE.gdb → Crimes_KernelDP。④ 指定【处理范围】，点击 环境，选择范围为：Crimes。⑤其他可选参数项使用默认值，点击 运行 ▾，得到核密度分析结果，并使用自然断点分级显示（图 1-16）。

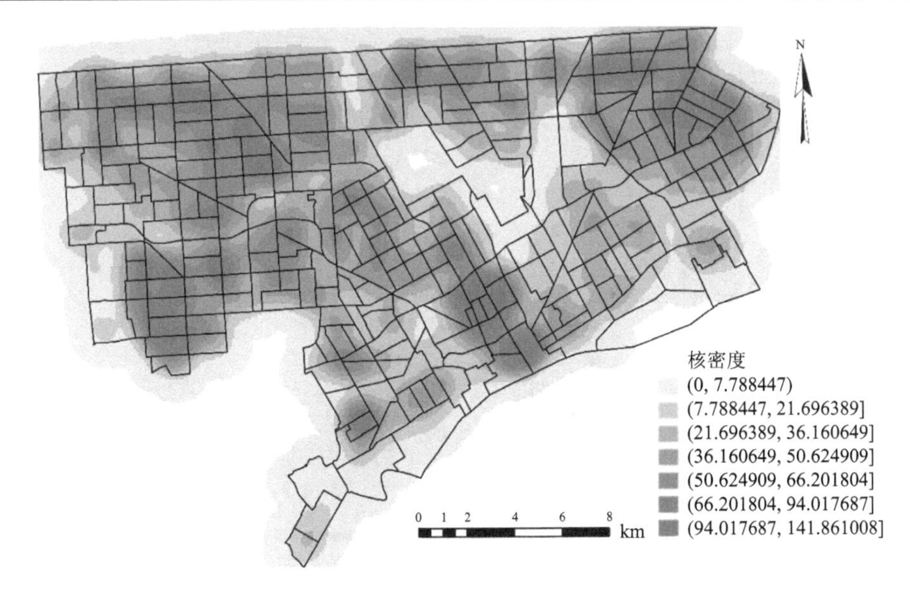

图 1-16　基于 Population 字段的核密度分析结果

（6）犯罪数据点密度分析。选择【工具箱】→【Spatial Analyst 工具】→【密度】→【点密度】，打开点密度分析对话框（图 1-17）。① 指定【输入点要素】，点击▾，选择：Crimes。② 指定【填充字段】，点击▾，选择：NONE。③ 指定【输出栅格】，点击，选择存储于：KDE.gdb → Crimes_PointD。④ 指定【处理范围】，点击环境，选择范围为：Crimes。⑤ 其他可选参数项使用默认值，点击运行，得到点密度分析结果，并使用自然断点分级显示（图 1-18）。

Spatial Analyst 工具
表面
插值
地图代数
地下水
叠加
多维分析
多元分析
局部
距离
密度
点密度
核密度分析
线密度分析
区域分析
社区
数学分析

地理处理
点密度
参数　环境
输入点要素
Crimes
填充字段
NONE
输出栅格
Crimes_PointD
输出像元大小
88.6862903999984
邻域　圆形
半径　739.052419999987
单位类型　地图
面积单位
平方千米

图 1-17　点密度分析对话框

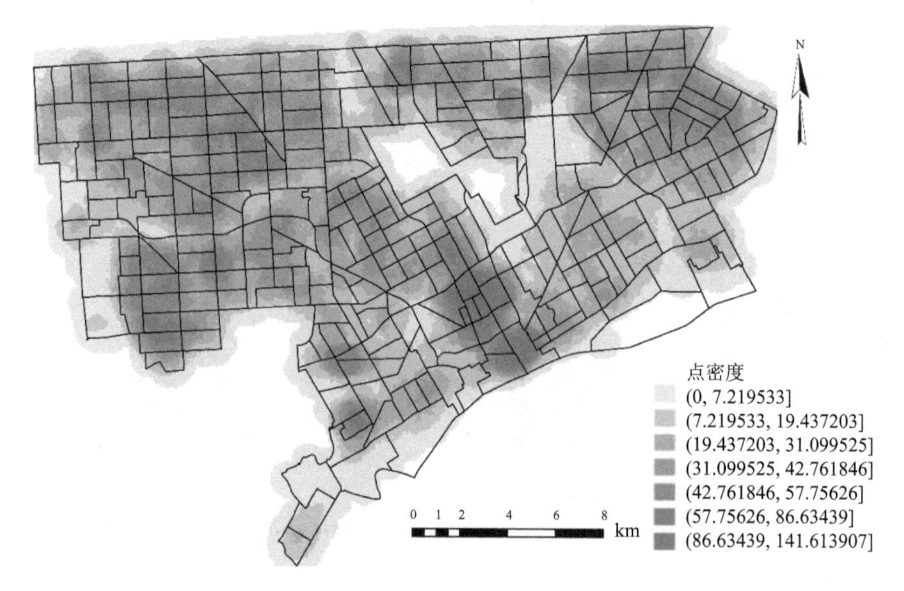

图 1-18　点密度分析分级显示

重复以上操作，指定【Population 字段】，选择：Population；指定【输出栅格】，选择存储于：KDE.gdb → Crimes_PointDP；其他可选参数项使用默认值，得到基于 Population 字段的点密度分析结果，并使用自然断点分级显示（图 1-19）。

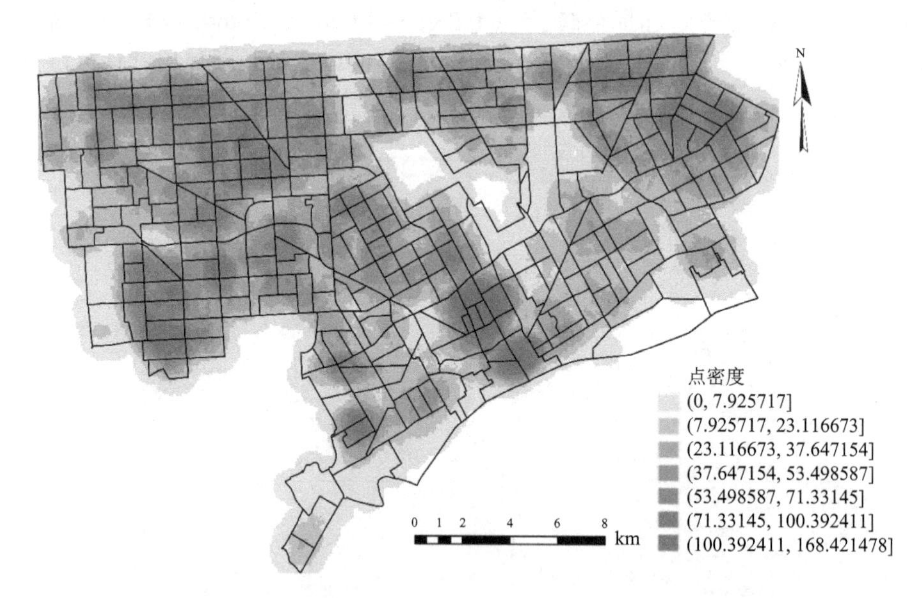

图 1-19　基于 Population 字段的点密度分析分级显示

1.5.4　基于 A 市路网数据的线密度与核密度分析

1. 加载 A 市道路矢量数据

该道路矢量数据已经进行投影变换，与 A 市的行政区划矢量数据（Tract 级别）在同一投影坐标系统中，直接加载即可（图 1-20）。

图 1-20　添加道路矢量数据

2. 道路线矢量数据核密度分析

选择【ArcToolbox】→【Spatial Analyst 工具】→【密度】→【核密度分析】，打开核密度分析对话框（图 1-21）。① 指定【输入点或折线要素】，点击 ，选择：Roads。② 指定【填充字段】，点击 ，选择：NONE。③ 指定【输出栅格】，点击 ，选择存储于：KDE.gdb → Roads_KernelD。④ 指定【处理范围】，点击**环境**，选择范围为：Roads。⑤ 其他可选参数项使用默认值，点击 运行 ，得到核密度分析结果，并使用自然断点分级显示（图 1-22）。

3. 道路线矢量数据线密度分析

选择【工具箱】→【Spatial Analyst 工具】→【密度】→【线密度分析】，打开线密度分析对话框（图 1-23）。① 指定【输入折线要素】，点击 ，选择：Roads。② 指定【填充字段】，点击 ，选择：NONE。③ 指定【输出栅格】，点击 ，选择存储于：KDE.gdb → Roads_LineD。④ 指定【处理范围】，点击**环境**，选择范围为：Roads。⑤ 其他可选参数项使用默认值，点击 运行 ，得到核密度分析结果，并使用自然断点分级显示（图 1-24）。

Spatial Analyst 工具
表面
插值
地图代数
地下水
叠加
多维分析
多元分析
局部
距离
密度
点密度
核密度分析
线密度分析
区域分析
社区
数学分析

地理处理
核密度分析
参数　环境
输入点或折线要素
Roads
填充字段
NONE
输出栅格
Roads_KernelD
输出像元大小
89.0136539999992
搜索半径
面积单位
平方千米
输出像元值
密度
方法
平面

图 1-21　线矢量数据核密度分析对话框

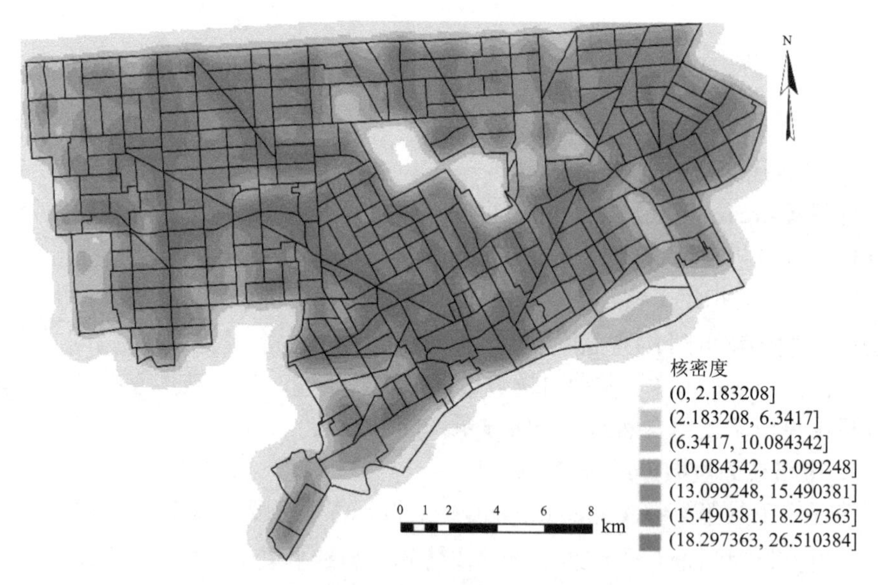

图 1-22　线矢量数据核密度分析结果分级显示

图1-23　道路线矢量数据线密度分析对话框

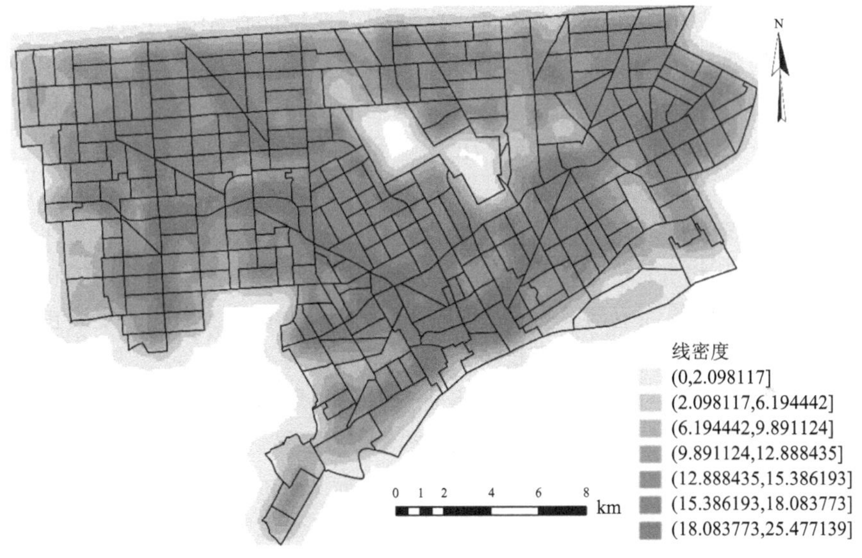

图1-24　道路线矢量数据线密度分析结果分级显示

1.6　思　考　题

（1）试比较点矢量数据的核密度分析结果（图1-11）与点密度分析结果（图1-18），以及线矢量数据的核密度分析结果（图1-22）与线密度分析结果（图1-24）之间的差异。

（2）如果要设置道路（线）的Population字段值用于密度分析，请问可以基于道路的哪些属性指标进行设置，各有什么优劣？

（3）思考密度分析与热点分析在探索空间现象的集聚特征方面有什么联系与区别。

第 2 章　空间自相关

2.1　理 论 基 础

2.1.1　理论概述

空间自相关性（spatial autocorrelation）是指一些变量在同一个分布区内的观测数据之间潜在的相互依赖性，即空间位置上越靠近的事物或者现象就越相似。Tobler 曾指出地理学第一定律：任何事物与别的事物之间都是相关的，但近处的事物比远处的事物相关性更强。在地理学研究中，空间自相关用来研究空间中某位置的观察值与其相邻位置的观察值是否相关及其相关程度，即空间自相关是检验某一要素的属性值是否显著地与其相邻空间点上的属性值相关联的一种重要空间数据分析方法。空间自相关性分为正向空间自相关和负向空间自相关，正向空间自相关表明某单元的属性值变化与其邻近空间单元具有相同的变化趋势，负向空间自相关则表明某单元的属性值变化与其邻近空间单元具有相反的变化趋势。作为一种推论统计，空间自相关的实质是研究对象空间位置之间存在的相关性，也是检验某一要素属性值与其相邻空间要素上的属性值是否相关的重要指标，可直观地表现出空间数据分布的聚集、离散或随机状态。

空间自相关方法的分析可以揭示出研究对象的目标属性在空间分布上的聚集性或离散性特征，因此，空间自相关分析方法当前已被广泛应用于资源环境评价、空间计量分析、地理格局分析、自然资源管理等领域和学科研究之中，并取得了卓有成效的研究成果。空间自相关指数以类型来划分通常可分为全局空间自相关指数和局部空间自相关指数两大类，常见的空间自相关分析方法有单变量空间自相关分析、双变量空间自相关分析、热点分析等，关键的参数有 p 值（p-value）、z 得分（z-value）、全局空间自相关指数和局部空间自相关指数等。

2.1.2　基本原理

全局空间自相关概括了在一个总的空间范围内空间依赖的程度，通常通过计算全局 Moran’s I 指数值、z 得分和 p 值来对全局空间自相关的显著性进行评估。在构成的 Moran 散点图中，可以划分四个象限对应四种不同的区域空间差异类型：高高（区域自身和周边地区的属性水平均较高，二者空间差异程度较小）、高低（区域自身属性水平高，周边地区属性水平低，二者空间差异程度较大）、低低、低高；进而，可以依据高高、低低类型区域的占比是否最多，来判断某一区域是否存在显著的空间自相关性，即是否具有明显的空间集聚特征。

对于 Moran 指数，可以用标准化统计量 z 来检验 n 个区域是否存在空间自相关关系。z 的计算公式为

$$z=\frac{I-E(I)}{\sqrt{\mathrm{Var}(I)}} \tag{2-1}$$

当 z 值为正且显著时，表明存在正的空间自相关，也就是说相似的观测值（高值或低值）趋于空间集聚；当 z 值为负且显著时，表明存在负的空间自相关，相似的观测值趋于分散分布；当 z 等于 0 时，观测值呈独立随机分布。

局部空间自相关，描述一个空间单元与其邻域的相似程度，能够表示每个局部单元服从全局总趋势的程度（包括方向和量级），并提示空间异质，说明空间依赖是如何随位置变化的。其常用的反映指标是局部 Moran's I 指数值。其空间关联模式可细分为四种类型：高高关联（即属性值高于均值的空间单元被属性值高于均值的邻域所包围）、低低关联（即属性值低于均值的空间单元被属性值低于均值的邻域所包围）、高低关联和低高关联。高高关联和低低关联属于正的空间关联；高低关联和低高关联属于负的空间关联。冷热点分析法（Getis-Ord Gi*）是一种探索局部空间聚集性分布特征的有效手段，它将分析对象变量的空间分布聚集程度通过冷点与热点进行区分。它与全局空间自相关的区别在于，冷热点分析可以很好地反映研究对象变量在局部空间区域上的冷热点分布。

双变量空间自相关是研究两个变量（如 a 和 b）之间的空间相关性，即一个区域邻近单元的 a 是否会影响到 b。若双变量空间自相关 Moran's I 指数值大于 0，说明两个变量之间存在正向的空间相关性，且 Moran's I 指数值越大，这种正向的空间相关性越显著。反之，若双变量空间自相关 Moran's I 指数的值小于 0，说明两个变量之间存在负向的空间相关性，且 Moran's I 指数值越小，这种负向的空间相关性越显著。

2.2 实验目的

（1）熟悉空间自相关方法的基础理论和基本原理。

（2）掌握使用 ArcGIS Pro 软件进行文件地理数据集的构建与处理的基本步骤和操作过程。

（3）掌握使用 GeoDa 软件进行单变量和双变量空间自相关分析的计算原理、计算方法和操作过程。

（4）熟悉运用空间自相关方法分析资源环境承载力空间特征的基本思想。

2.3　实验场景与数据

2.3.1　实验场景

作为资源环境评价领域的一个热点方向，资源环境承载力是指国土空间可承载人类活动和社会发展的最大限度。资源环境承载力的空间分布特征与区域资源环境发展状况息息相关，对区域资源环境承载力的空间特征进行分析，可挖掘出资源环境要素在空间分布上的差异性，分析结果可为自然资源部门和环保部门制定差异化的自然资源管理决策提供参考依据。空间自相关分析是挖掘空间变量的空间特征的一种有力工具，通过对变量进行空间自相关分析，可有效识别出区域范围内资源环境质量呈现空间聚集性还是空间离散性，并可得出这种空间聚集性或空间离散性可能与哪些因素存在关联性，由此推断这种关联性在空间分布上的真实状况。为此，本实验教程采用全局空间自相关和局部空间自相关方法，分析城市资源环境承载力的空间分布特征。

2.3.2　实验数据

本实验需要用到的数据包括：土地利用数据、大气质量指数、植被数据、土壤数据、社会经济数据等，分别在各类数据部门提供的下载网站上申请下载。具体如下所示：①2020 年土地利用类型数据；②数字高程模型（digital elevation model, DEM）数据（地理空间数据云 http://www.gscloud.cn/）；③大气质量数据；④归一化植被指数（normalized differential vegetation index, NDVI）；⑤土壤有机质含量数据；⑥社会经济数据，包括人口数据、年均国内生产总值（gross domestic product，GDP）数据等。

2.4　实验内容与流程

本实验以探索资源环境承载力空间特征为目的，通过构建包含土地利用、大气、土壤等数据在内的基础数据集，对某市资源环境承载力进行评价，得出某市资源环境承载力指数；进而分别运用单变量空间自相关和双变量空间自相关两种方法对该市资源环境承载力指数的空间分布特征进行分析，实验流程如图 2-1 所示。

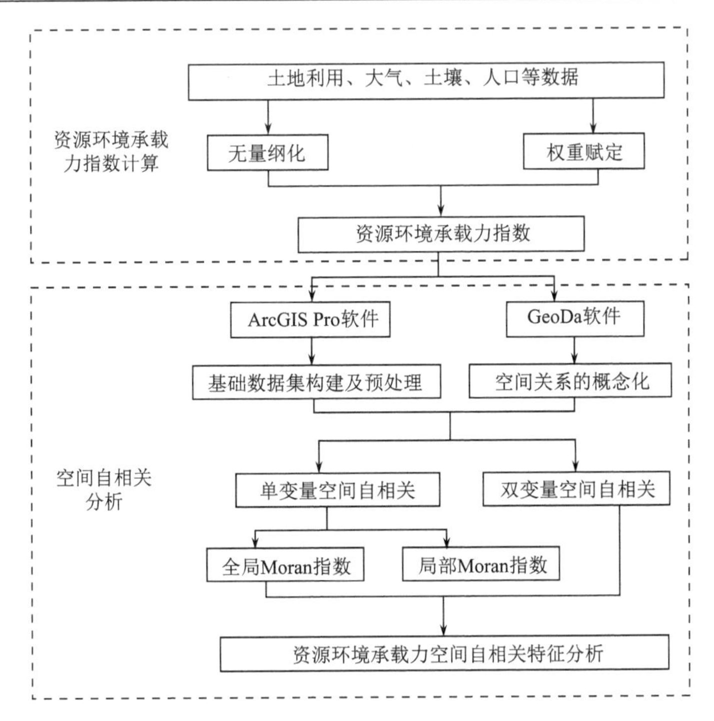

图 2-1　实验流程图

2.5 实验步骤

2.5.1 软件工具

本实验操作过程中主要使用 ArcGIS Pro 和 GeoDa 两款软件。

ArcGIS Pro 是一种专业桌面 GIS 应用程序，核心功能主要包括数据管理、高级制图与可视化、高级分析、二三维数据完全联动、影像处理、连接与共享、工程项目管理、矢量切片等。ArcGIS Pro 提供了更强大的数据处理功能，更方便 GIS 专业人员操作。

GeoDa 是一款免费的开源软件，具有操作简便、轻量等特点。GeoDa 软件还提供了空间聚类、统计制图、回归分析等地理分析方法的分析工具，是当前进行地学统计和地理信息处理的有效工具之一。由于 GeoDa 软件具有优良的易获取性和轻量性，近年来的发展趋势显著，越来越多地出现在地理科学、空间信息学、计量经济学、自然资源管理学等领域的研究和实践应用中。

2.5.2 资源环境承载力评价

1. 构建基础数据集

获取基础数据集后，在 ArcGIS Pro 软件中将乡镇行政区划、人均耕地面积、地形起伏度、大气污染物浓度、土壤有机质含量、人口密度、人口城镇化率等数据加载进同一个 gdb 数据库中，如图 2-2 所示。

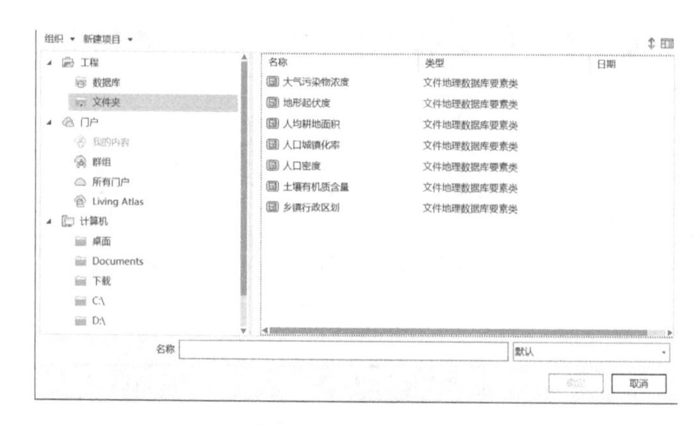

图 2-2　基础数据集

2. 创建评价指标体系

依据《资源环境承载能力与国土空间开发适宜性评价技术规程》（DB36/T 1357-2020），从土地资源、生态环境、社会经济等角度，构建资源环境承载力评价指标体系。采用特尔斐法（专家打分法）确定各指标的权重，资源环境承载力评价指标体系及权重如表 2-1 所示。

表 2-1　资源环境承载力评价指标体系及权重

指标名称	指向	权重
人均耕地面积	正	0.17
地形起伏度	负	0.21
大气污染物浓度	负	0.23
土壤有机质含量	正	0.16
人口密度	负	0.11
人口城镇化率	正	0.12

在得出资源环境承载力评价指标权重值后，依据各指标属性的正负指向性，采用式（2-2）和式（2-3）所示的极差标准化法对不同量纲的评价指标数据进行无量纲化，无量纲化后的指标值全部位于[0,1]。

$$r_{ij}=\frac{v_{ij}-\min\left(v_{ij}\right)}{\max\left(v_{ij}\right)-\min\left(v_{ij}\right)} \tag{2-2}$$

$$r_{ij}=\frac{\max(v_{ij})-v_{ij}}{\max(v_{ij})-\min(v_{ij})} \tag{2-3}$$

分别依据各指标属性的正负指向属性进行无量纲化处理，式（2-2）为正向型指标的无量纲化计算方法；式（2-3）为负向型指标的无量纲化计算方法。

3. 计算资源环境承载力指数

在对指标数据进行无量纲化处理后，运用加权综合法进行资源环境承载力指数的计算，其步骤如下：分别导出资源环境承载力六个评价指标的属性表，借助 Excel 软件，通过综合加权法，即以无量纲化后的指标值乘以该指标的权重值，计算得出某市 160 个乡镇（街道）的资源环境承载力指数。

以上步骤操作内容是资源环境承载力评价的过程，一些关键性步骤总结如下。

（1）依据《资源环境承载力与国土空间开发适宜性评价技术规程》（DB 36/T 1357-2020），构建评价指标体系。

（2）通过下载、申请等途径获取评价指标体系中所用到的各类数据，并依据各类数据的属性特征进行预处理。

（3）采用特尔斐法的权重赋分方法确定各指标体系的权重，并采用极差标准化法进行数据的无量纲化处理。

（4）采用相关方法模型进行资源环境承载力指数计算。

2.5.3　单变量空间自相关分析

1. 构建空间权重矩阵

使用 GeoDa 软件构建空间权重矩阵，确定各空间单元的权重，具体步骤如下。

（1）将资源环境承载力指数 shp 图层加载到 GeoDa 软件。因为 GeoDa 软件无法直接读取文件地理数据库格式的文件，所以，需要将资源环境承载力指数 shp 图层单独导出至文件夹中，才可加载到 GeoDa 软件中。

点击【打开】按钮，加载资源环境承载力指数.shp 文件（图 2-3）。

（2）因为 GeoDa 软件无法识别 shp 图层里的中文属性字段名称，所以需要将资源环境承载力指数 shp 图层属性表中的字段名称统一转换为英文或者拼音缩写。

（3）创建空间权重矩阵。点击【空间权重管理】功能选项，选择 ID 变量为编号连续的值字段（建议使用“OBJECTID”字段或者“FID”字段），邻接类型选择“Queen 邻接”（共边或共点为邻接），点击【创建】（图 2-4）。创建完成后保存空间权重矩阵文件即可，保存类型为*.gal。

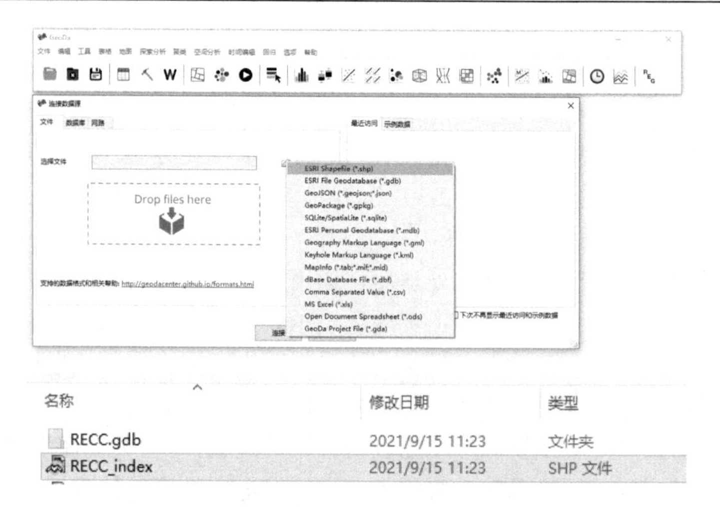

图 2-3　在 GeoDa 软件中加载 shp 图层数据

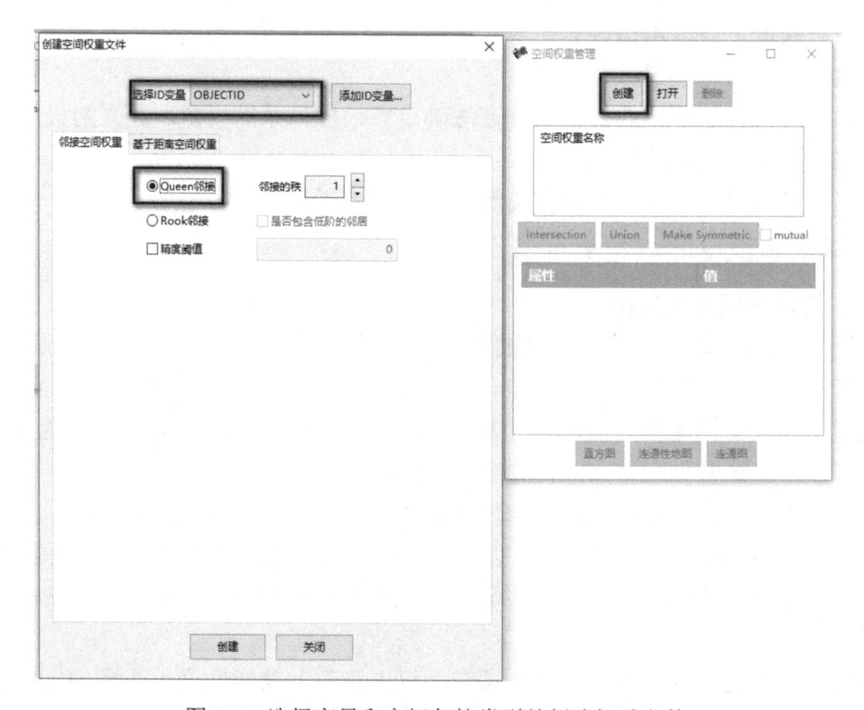

图 2-4　选择变量和空间邻接类型并创建权重文件

（4）创建后的空间权重矩阵信息如图 2-5～图 2-7 所示。

图 2-5　空间权重矩阵文件信息

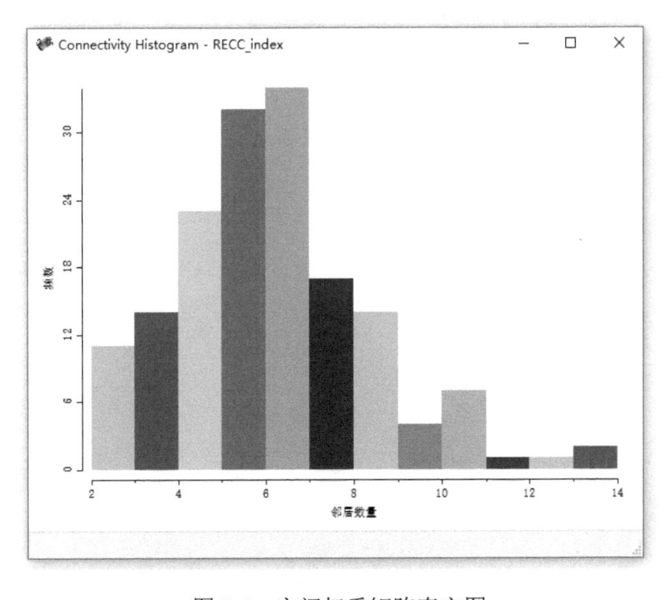

图 2-6　空间权重矩阵直方图

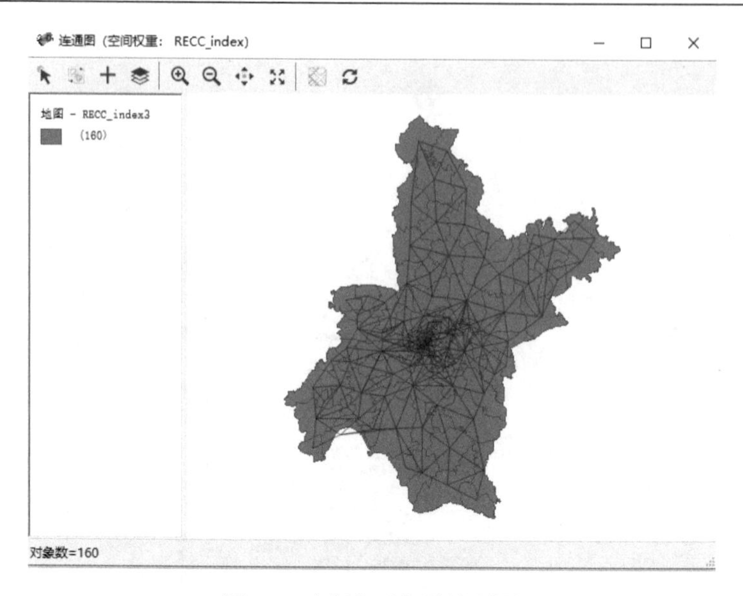

图 2-7　空间权重矩阵连通图

2. 单变量空间自相关分析过程

运用 GeoDa 软件计算全局莫兰指数（Global Moran’s I），判别资源环境承载力指数是否存在显著的空间自相关性。

（1）点击【空间分析】按钮，选择【单变量 Moran’s I】分析选项（图 2-8）。

图 2-8　选择单变量空间自相关分析工具

（2）第一变量（X）选择“RECC_index”字段（图 2-9）。

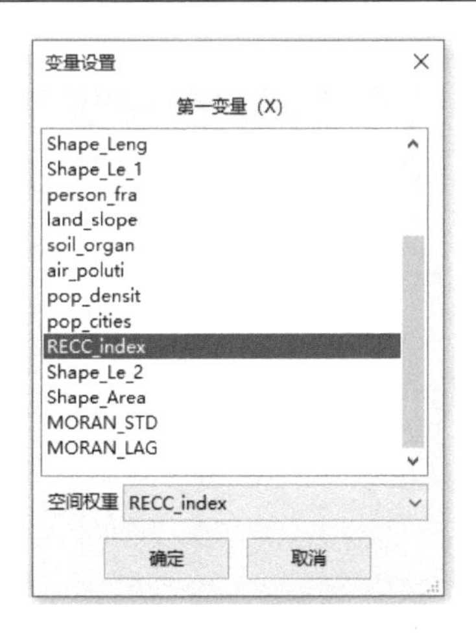

图 2-9　分析变量选择

（3）得出资源环境承载指数的全局 Moran’s I 为 0.432，如图 2-10 所示。

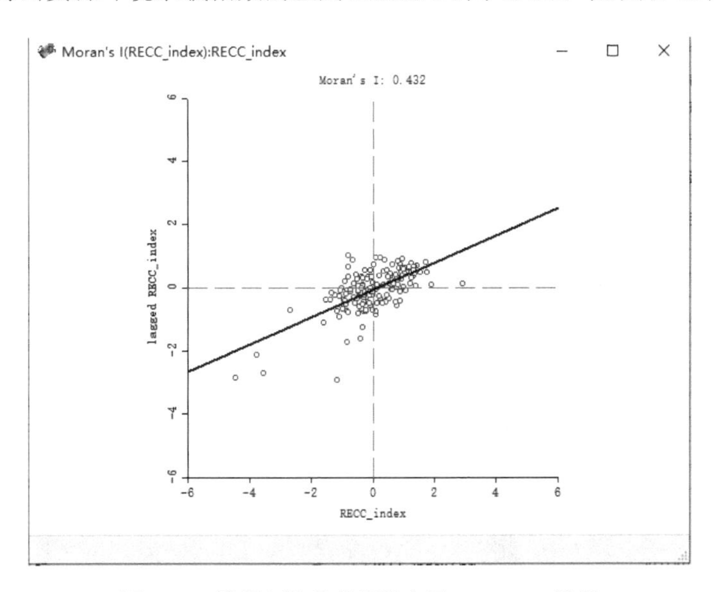

图 2-10　资源环境承载指数全局 Moran’s I 结果

3. 单变量空间自相关分析结果

（1）资源环境承载力指数的全局 Moran’s I 为 0.432，说明该市资源环境承载力具有显著的正向空间自相关关系。

（2）为验证全局空间自相关计算结果的信效度，需对 p-value 和 z-value 进行计算，计算过程如下：在 Moran’s I 结果页面点击右键，点击【随机化】，选择【999 次置换】（图 2-11），即可得出 p-value 和 z-value。

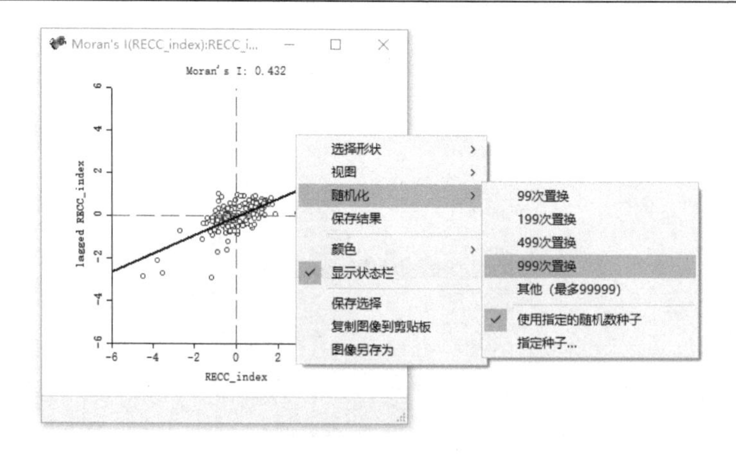

图 2-11　信效度检验参数计算过程

（3）由图 2-12 可知，资源环境承载力指数的 Moran’s I 的 p-value 为 0.001000，远小于 0.1，说明 Moran’s I 计算结果有效，z-value 为 9.1222，远大于 2.58，说明该市资源环境承载力指数具有显著的空间聚集性。

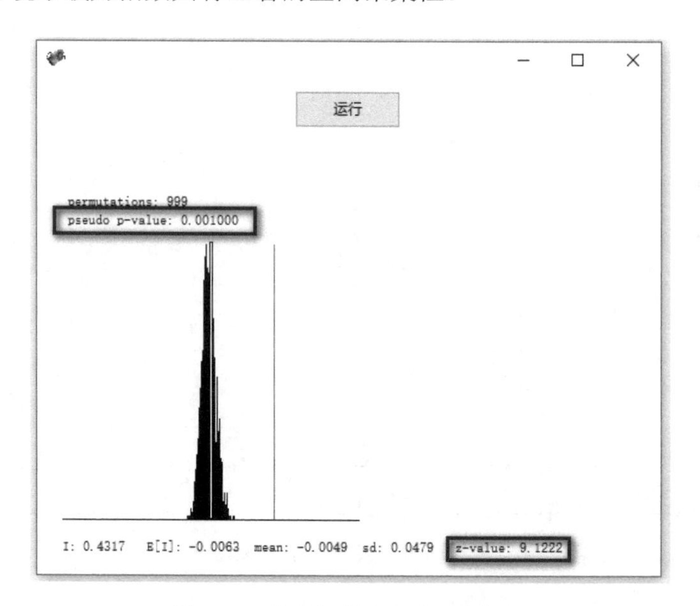

图 2-12　信效度检验参数计算结果

（4）单变量局部 Moran’s I 指数计算。

单变量局部 Moran’s I 指数的计算步骤如下。

首先，点击【空间分析】，选择【单变量局部 Moran’s I】（图 2-13）。

图 2-13　单变量局部 Moran's I 指数计算过程

第一变量选择“RECC_index”，空间权重文件选择上文创建的空间权重文件。

依据需求，选择需要显示的结果地图种类（图 2-14），“显著性地图”“聚类地图”“Moran 散点图”全部勾选。

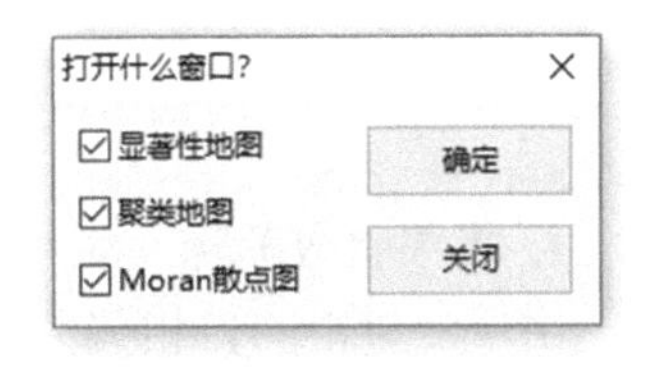

图 2-14　选择分析结果的地图种类

局部 Moran's I LISA 聚类地图结果如图 2-15 所示。

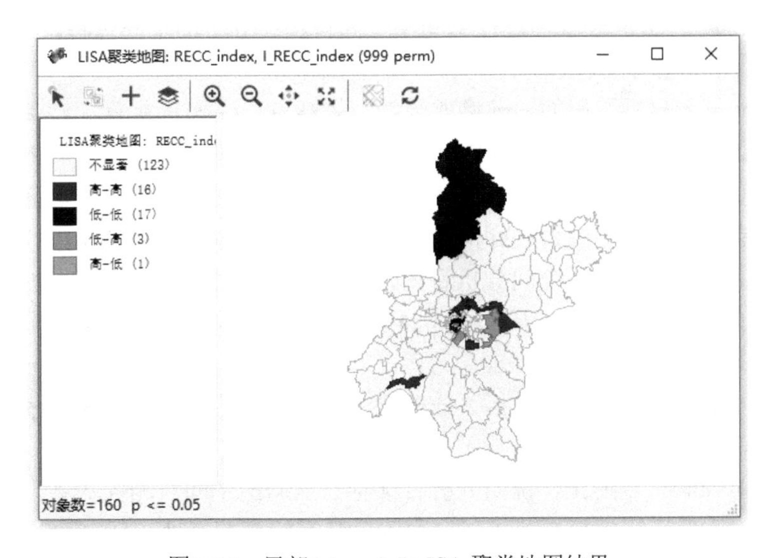

图 2-15　局部 Moran's I LISA 聚类地图结果

局部 Moran’s I LISA 显著性地图结果如图 2-16 所示。

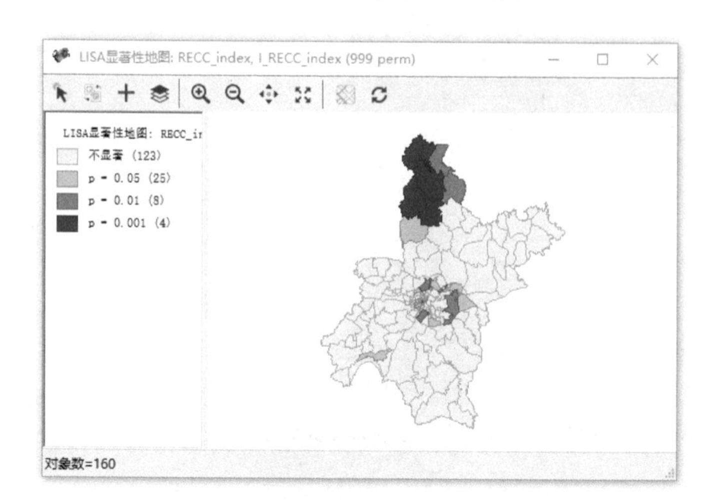

图 2-16　局部 Moran’s I LISA 显著性地图结果

4. 相关参数解释

由单变量空间自相关分析结果可知，该市资源环境承载力指数的单变量全局 Moran’s I 为 0.432，说明该市资源环境承载力指数具有显著的正向空间聚集性：一般资源环境承载力指数较高的地区周围的区域也具有较高的资源环境承载力指数，同理，承载力指数较低的地区周围的区域通常也具有较低的资源环境承载力指数。

以上是通过 GeoDa 软件进行单变量空间自相关分析的全部过程，其中，一些关键性步骤总结如下。

首先，导入分析图层的 shp 格式数据，需注意：GeoDa 软件无法识别 shp 图层中的中文属性字段名，因此在输入前需保证所有字段名均为英文或者数字。

其次，在创建空间权重管理矩阵时，需注意：在创建空间权重矩阵之前，应对输入图层的空间拓扑关系进行检查，排除重叠、缝隙等拓扑错误。

再次，应依据不同的空间分析目的，选择相应的功能按钮进行分析。GeoDa 软件提供了全局 Moran’s I、局部 Moran’s I、单变量 Moran’s I、双变量 Moran’s I 等空间分析方法的操作工具。

最后，使用单变量空间自相关分析方法进行空间特征分析时的一些关键性的参数描述如下。

（1）Moran’s I 若为正，说明分析目标存在正向的空间自相关关系，即区域内某一属性的值越高，一般与其相邻的区域也具有较高的属性；反之，若 Moran’s I 若为负，说明分析目标存在负向的空间自相关关系，即区域内某一属性的值越高，与其相邻区域的该属性的值较低。

（2）显著性水平可以由标准化 z 得分的 p 值检验来确定:通过计算 z 得分的 p 值，再将它与显著性水平 a（一般取 0. 05 ）作比较，决定拒绝还是接受零假设。如果 p 值小于给定的显著性水平（一般取 0.01），则拒绝零假设；否则接受零假设。

对 Moran's I 值进行假设检验，$z \geq 1.96$ 或 ≤ -1.96 则认为空间具有空间自相关性。Moran's I >0 表示空间正相关性，其值越大，空间相关性越明显；Moran's I < 0 表示空间负相关性，其值越小，空间差异越大；如果 Moran's I = 0，则空间呈随机性。

2.5.4　双变量空间自相关性计算

在本实验中，选择某市资源环境承载力指数为变量一，以该市归一化植被覆盖度指数 NDVI 为变量二，分析该市资源环境承载力指数是否与植被覆盖度之间存在空间自相关性。具体步骤如下。

1. 构建空间权重矩阵

（1）点击【空间权重管理】功能选项，邻接类型选择“Queen 邻接”（共边或共点为邻接），点击“创建”（双变量空间自相关的空间权重矩阵创建的步骤和相关参数与 2.5.3 节中介绍的单变量空间自相关空间权重矩阵创建的方式较为类似）。

（2）ID 变量选择“OBJECTID_1”，在【邻接空间权重】页面下选择“Queen 邻接”，“邻接的秩”为 1，点击【创建】（图 2-17）。

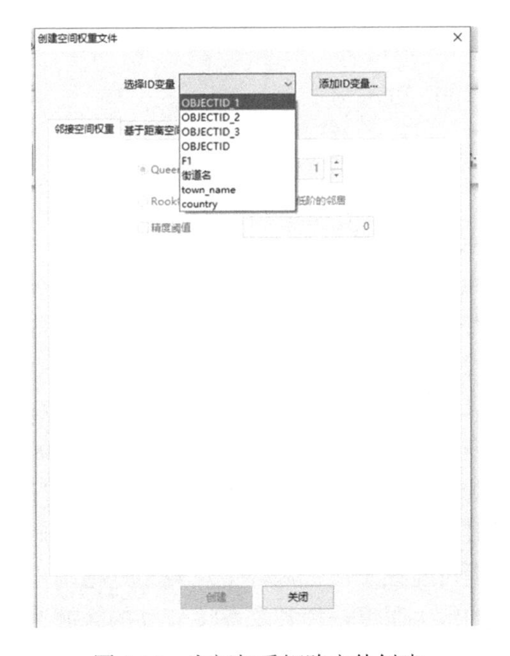

图 2-17　空间权重矩阵文件创建

（3）命名权重文件，保存类型为*.gal。

2. 双变量空间自相关分析过程

（1）点击【空间分析】工具按钮，选择【双变量 Moran's I】。

（2）第一变量选择资源环境承载力指数“RECC_index”字段，第二变量选择归一化植被覆盖度指数“NDVI”字段，空间权重为“RECC_index_doubleVariable”，点击【确定】。

3. 双变量空间自相关分析结果

双变量空间自相关分析结果如图 2-18 所示，该市资源环境承载力指数“RECC_index”与归一化植被覆盖度指数“NDVI”之间的双变量 Moran's I 为–0.146。

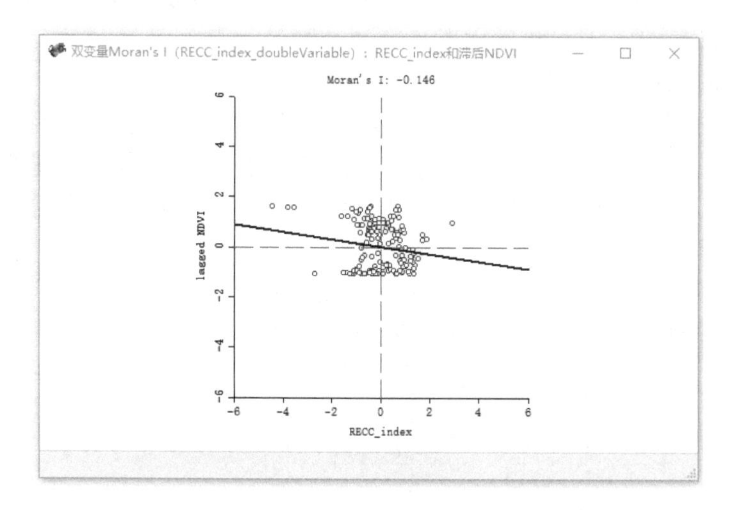

图 2-18　双变量空间自相关分析结果

4. 相关参数解释与注意事项

为验证双变量空间自相关计算结果的信效度，需对 p-value 和 z-value 进行计算，计算过程如下：首先，在 Moran's I 结果页面点击右键，点击【随机化】，选择【999 次置换】（图 2-19），得出 p-value 和 z-value，如图 2-20 所示，p-value 为 0.001000、z-value 为–4.0670。由此可知，该市资源环境承载力指数与归一化植被覆盖度指数之间的双变量 Moran's I 为–0.146，说明该市资源环境承载力指数与植被覆盖度之间具有显著的负向空间自相关关系，一般资源环境承载力指数较高的地方植被覆盖度反而较低；相反，植被覆盖度较高的地方通常也不具备良好的资源环境承载力。其原因可能在于，资源环境承载力是指国土空间要素可承载人类生活及开发利用活动的最大限度，植被覆盖度较高的区域通常属于山地、丘陵地带，这些区域一般不具备良好的土地资源、公共设施资源等资源环境的开发条件，因此其资源环境承载力指数并不高。

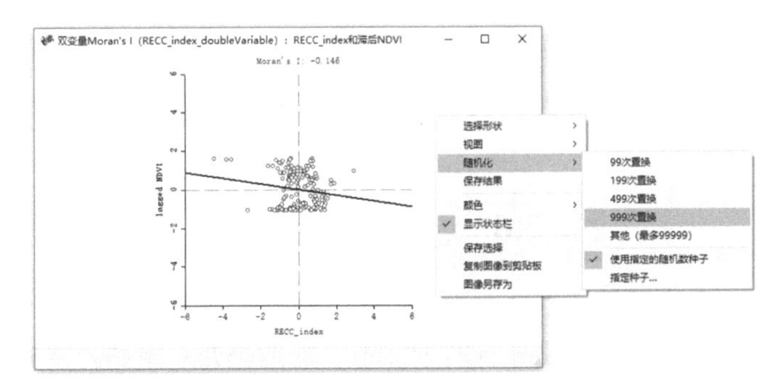

图 2-19　双变量空间自相关分析结果信效度检验过程

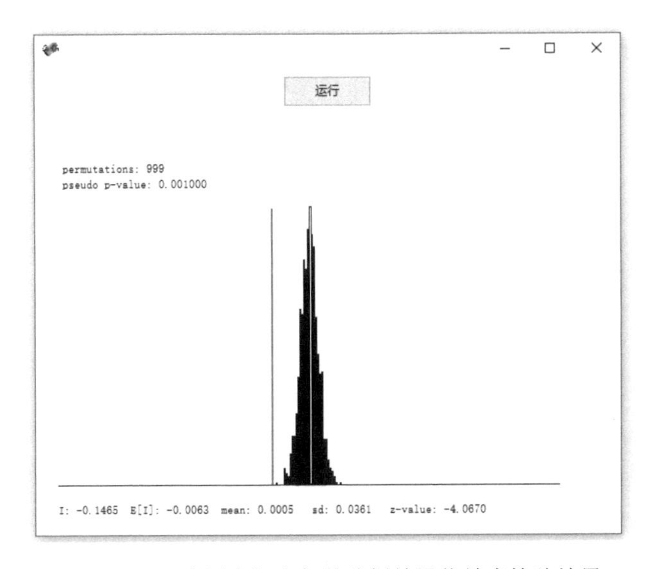

图 2-20　双变量空间自相关分析结果信效度检验结果

以上内容是使用双变量空间自相关方法进行空间特征分析的过程，一些关键参数总结如下。

（1）Moran's I 若为正，表明两个变量之间存在正向的空间相关关系，某一变量的值较高，则与其相邻的另一变量的值也相对较高，且 Moran's I 越大，这种正向的空间自相关关系便越显著；相反，Moran's I 若为负，则说明两个变量之间存在负向的空间相关关系：某一变量的值较高，则与其相邻的另一变量的值却越低，且 Moran's I 越小，这种负向的空间自相关关系便越显著。

（2）显著性水平可以由标准化 z 得分的 p 值检验来确定：通过计算 z 得分的 p 值，再将它与显著性水平 a（一般取 0. 05）作比较，决定拒绝还是接受零假设。

如果 p 值小于给定的显著性水平（一般取 0.01），则拒绝零假设；否则接受零假设。

对 Moran's I 值进行假设检验，$z \geqslant 1.96$ 或 $\leqslant -1.96$ 则认为空间具有空间自相关性。Moran's I >0 表示空间存在正向相关性，其值越大，空间相关性越明显；Moran's I < 0 表示空间存在负向相关性，其值越小，空间差异越大；如果 Moran's I = 0，则空间呈随机性。

2.6 思 考 题

（1）作为一种空间统计方法，空间自相关分析可以定量揭示空间变量的区域结构形态。在进行空间自相关分析的过程中，判定研究对象是否具有空间相关性的标准？该标准具体是什么？判定的关键参数有哪些？

（2）空间自相关分为全局空间自相关和局部自相关两种类型，这两种类型在内涵和原理上有何区别？它们的应用场景分别是什么？在研究某一区域的经济发展程度是否与其周边区域存在某种空间相关性时，空间关系应该如何去设定？请尝试通过选定不同的空间中心开展实验来探讨不同的结果。此外，假设数据的空间自相关计算结果没有通过零假设检验，即 p 值大于 0.001，可以说明哪些问题？

第3章　空间聚类

3.1　理论基础

3.1.1　理论概述

聚类分析（clustering analysis）或者数据聚类（data clustering）是探索性数据分析的一项主要内容，其任务是对一组对象进行分类（组），使同一类中的对象彼此之间比其他类中的对象（在一定意义上）更相似。聚类分析广泛应用于多个领域。空间聚类即地理空间数据的聚类分析，虽然聚类分析起源于人类学研究，但是由于空间数据本身包含了直观的空间属性，面向空间数据的聚类分析比抽象空间中的数据聚类分析更加自然和直观。如果将空间数据的时空特征看作一般属性，几乎所有聚类分析方法都可以用于空间聚类分析，但是并非所有聚类方法对空间聚类都有效，不同的聚类方法对不同模式数据的聚类效果存在显著的差异。虽然数据聚类方法有多达数百种，但是仅有部分方法较为适用于空间聚类分析。非监督空间聚类主要采用其中的基于质心模型与基于密度模型的聚类分析方法。根据“质心”定义的差异，基于质心模型的聚类方法主要有K均值（K-means）、K中心点（K-medoids）、K中值（K-medians）等；而基于密度的模型的聚类方法包含DBSCAN（density-based spatial clustering of applications with noise）、HDBSCAN和OPTICS等，这类方法通过检测点集中的区域和被空的或稀疏的区域所分隔的区域来实现聚类，关键是配置不同的距离与密度参数，以及组合距离与密度参数的策略。

基于质心模型的聚类方法利用非监督的机器学习方法来确定数据中的自然聚类，因为这些分类方法不需要一组预先分类的要素指导或进行训练来查找数据中的聚类，所以属于非监督类型的聚类方法。基于密度模型的聚类算法仅根据空间位置以及到指定邻域数的距离自动检测模式，不需要对其聚类的含义进行任何训练，因此也属于非监督类型的聚类方法。因为这两类聚类方法原理简单，且不需要进行训练，所以被广泛地应用于许多领域，如探索动物领地、流行病传播、潜在风险探测等。

3.1.2　基本原理

数据聚类分析本身不是一种特定的算法，而是需要解决的一般任务，对于不同的聚类任务，什么构成一个聚类以及度量聚类的标准千差万别。例如，可以使用诸如聚类成员之间距离较小的组、密集的数据空间区域、间隔或特定的统计分布等作为描述聚类与否的指标，面向给定任务的聚类分析算法在理解定义聚类的标准以及如何有效地找到聚类方面存在着显著差异，因此，聚类可以表述为一个多目标优化问题，适当的聚类算法和参数（包括要使用的距离函数、密度阈值或预期聚类数等）设置取决于单个数据集和结果的预期用途。不同的聚类算法多达数百种，本小节介绍两种基本的空间聚类算法：K 均值聚类算法和 DBSCAN 聚类算法。

1. K 均值聚类算法

K 均值聚类算法是最典型的质心模型聚类算法，聚类原理简单明了，算法容易实现，聚类效果也较好，其应用范围非常广泛。欧氏空间中，可以使用两个点之间的距离描述它们的相似程度，距离越近越相似。K 均值算法是把数据分成不同的簇，目标是同一类中数据点的距离尽量小，不同类之间的距离尽量大，这样可以用误差平方和作为目标函数，公式为

$$\underset{S}{\operatorname{argmin}}\sum_{i=1}^{K}\sum_{x\in S_i}\left\|x-u_i\right\|^2 \tag{3-1}$$

其中，S 为聚类方案；K 为聚类数；u_i 为第 i 类所有数据的均值点。式（3-1）也可以写成以下形式

$$\underset{S}{\arg\min}\sum_{i=1}^{K}\sum_{x\neq y\in S_i}\left(x-u_i\right)^{\mathrm{T}}\left(u_i-y\right) \tag{3-2}$$

$$\underset{S}{\arg\min}\sum_{i=1}^{K}\left|S_i\right|\operatorname{Var}\left(S_i\right) \tag{3-3}$$

其中，$\operatorname{Var}(S_i)$ 为第 i 类数据点的方差。

根据上述目标函数，K 均值算法实质上就是找到最优的 K 个均值中心点，对数据进行划分，从而使所有聚类中要素之间的差异最小化。因为该算法属于 NP-hard 问题，所以一般采用启发式贪婪算法对要素进行聚类。贪婪算法始终收敛于局部最小值，但并不总是能够找到全局（最佳）最小值。

K 均值算法首先设置用于增长每个聚类的均值中心。因此，均值中心始终与聚类数相匹配。第一个均值中心通常是随机选择的，虽然采用的是随机分量，但选择剩余均值中心时会应用一个权重，该权重将有利于选择离已选所有均值中心最远的后续均值中心（这部分算法称为 K-means++）。设置初始均值中心后，将向最近的均值中心（在数据空间中最近）分配所有数据点。对于数据点的每个聚类，将计算一个新的均值中心，并将每个数据点重新分配给最近的中心。计算每个聚

类的均值中心并随后向最近的中心重新分配要素，然后重复这一过程，直至均值中心不再发生变化或聚类方案不再发生变化为止。

K 中心点（K-medoids）算法与 K 均值算法类似，只是选用了不同的目标函数，这种算法与 K 均值聚类算法都应用广泛，通常会产生类似的结果。但是，K 中心点算法更适用于数据集中的异常值和噪点。K 均值算法通常比 K 中心点算法速度快，是用于大型数据集的首选算法。

2. DBSCAN 聚类算法

DBSCAN 最典型的基于密度的数据聚类方法，它的聚类原理简明，算法易实现，聚类效果较好，是应用最广泛的一种聚类方法。它可以返回不规则形状的聚类，并且无需提前设定类别数量参数，其核心思想是用一个点的ε邻域内的邻居数量衡量该点所在空间的密度（density），并将类别（cluster）看作由低密度区域分隔出来的高密度区域。

DBSCAN 算法的几个重要概念如下。

ε邻域：对于某一对象点来说，在其半径为ε的区域为ε邻域。

核心点：对于给定的参数m，如果一个对象的ε邻域内至少包含m个点，那么称该对象点为核心点。

直接密度可达：给定一个对象点集合D，如果P是在Q的ε邻域内，而且Q是一个核心点，那么点Q从点P出发是直接密度可达（P可以是核心对象也可以不是）。

密度可达：如果存在一个对象点链$P_1,P_2,\cdots,P_n$，如果P_{i+1}从P_i是直接密度可达，那么P_n从P_1出发是直接密度可达。

密度相联：存在样本点集合D中的一点O，如果O到P和Q都是密度可达的，那么P和Q密度相联。

噪声点：与任何点都不可达的对象点称为噪声点。

DBSCAN 算法有两个重要参数：定义密度时的邻域半径（ε）和定义核心点时的阈值（m）。算法的基本逻辑为：从某个选定的核心点出发，不断向密度可达的区域扩张，从而得到一个包含核心点和边界点的最大化区域，即为一个类别（cluster）。首先，通过计算所有样本的ε邻域内样本点的数量找出数据集中所有的核心点，剩余的样本点暂时记为噪声点；然后，任选取一个未被访问的核心点P，开始合并与它密度相联的所有其他的点，即，依次访问被选择核心对象邻域内的Q。首先判断Q是否为核心点，如果Q是核心点，则将该点邻域中的点划为P所属的类，然后对Q进行相同的操作；如果该点不是核心对象，那么访问下一个点，直到所有点都被访问，最终得到k个类别的聚类方案。

3.2 实验目的

（1）了解空间聚类方法产生的背景，理解空间聚类的基本原理，辨析多元聚类、基于密度的聚类之间的区别与联系。

（2）熟练使用 ArcGIS Pro 软件中的多元聚类和基于密度的聚类工具，能够对点矢量数据进行多元聚类与基于密度的聚类分析，能够对面矢量数据进行多元聚类分析，能够正确地解读聚类的结果。

（3）能够将具体领域的应用问题，如人口、商业等领域，转化为可操作的聚类分析问题，并基于不同的应用场景选择适合的空间聚类方法。

3.3 实验场景与数据

3.3.1 实验场景

空间聚类分析在人口分布和商业集聚研究中有着广泛的应用，常用于探索区域内不同分区的分类，以及商业位置在空间中的集聚情况等。本实验利用空间聚类探索 B 市（图 3-1）的人口及商业的空间聚类情况。分别利用多元聚类与基于

图 3-1　实验区域

密度的聚类，探索B市商业位置的聚集情况；利用多元聚类分析工具基于B市不同年龄的人口构成和不同种族的人口构成情况探索不同街区组（block group）的聚类情况。

3.3.2 实验数据

（1）B市2010年人口普查数据（SC.gdb→Census）、街区组（Block Group）行政区划级别，坐标系统：USA Contiguous Albers Equal Area Conic USGS。

（2）B市商业组织的登记数据（SC.gdb→Business），数据投影坐标系统：USA Contiguous Albers Equal Area Conic USGS。

（3）B市的行政区划矢量数据（SC.gdb→Sacramento），数据投影坐标系统：USA Contiguous Albers Equal Area Conic USGS。

3.4 实验内容与流程

对B市的商业登记数据分别进行多元聚类和基于密度的聚类分析，绘制不同聚类结果的专题图，呈现B市商业组织的基本空间分布情况，探索商业组织空间位置的聚类中心；对B市街区组的人口普查数据进行多元聚类分析，绘制聚类结果专题图，探索人口在街区组尺度的分布模式。实验内容包括三个部分，具体流程见图3-2。

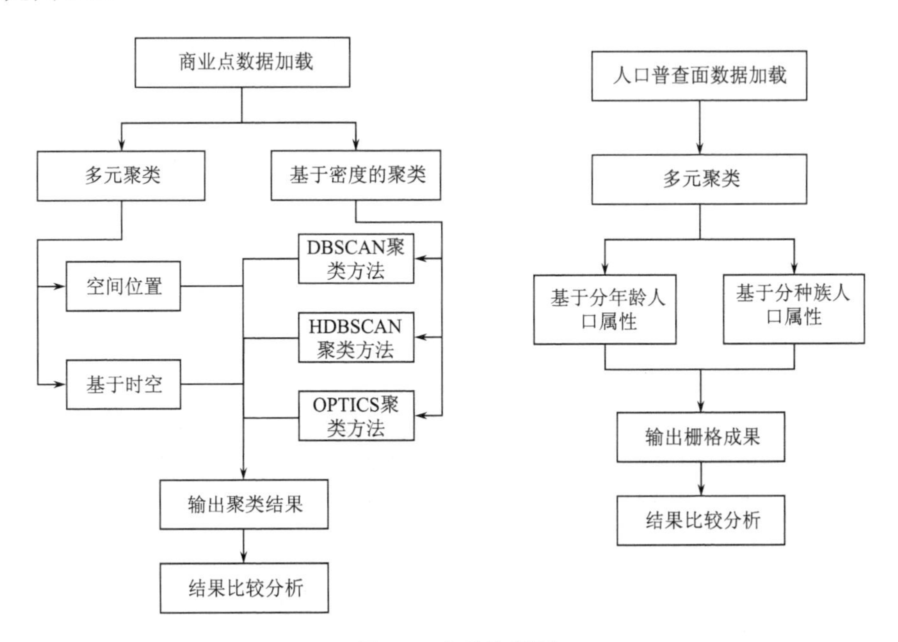

图3-2 实验流程图

（1）B 市商业登记数据的多元聚类分析及聚类结果的输出。

（2）B 市商业登记数据基于密度的聚类分析，聚类结果的输出及与多元聚类结果的比较。

（3）B 市街区组（block group）尺度人口普查数据的多元聚类分析及聚类结果的输出。

3.5 实验步骤

3.5.1 软件工具

ArcGIS 软件提供了多种空间聚类分析工具，本实验将利用 ArcGIS Pro 的多元聚类工具和基于密度的聚类工具开展相关实验，本实验同时开展点要素和面要素的空间聚类实验，探索不同空间聚类方法应用场景和适用要素之间的差异。ArcGIS Pro 2.5 的密度分析工具包提供的分析工具包含以下几种。

1. 多元聚类（Multivariate Clustering）

多元聚类分析工具包含 7 个参数：①输入要素（input features）；②输出要素（output features）；③分析字段（analysis fields）；④聚类方法（clustering method）；⑤初始化方法（initialization method）（可选）；⑥聚类数（number of clusters）（可选）；⑦聚类数评估输出表（output table of evaluating number of clusters）（可选）。

2. 基于密度的聚类（Density-based Clustering）

基于密度的聚类分析工具包含 6 个参数：①输入点要素（input point features）；②输出要素（output features）；③聚类方法（clustering method）；④每一类最少要素个数（minimum features per cluster）；⑤搜索距离（search distance）（可选）；⑥聚类紧密度（cluster sensitivity）（可选）。以上参数说明可参考 ArcGIS Pro 帮助文档。

3.5.2 B 市商业点矢量数据多元聚类分析

（1）加载行政区划数据。通常而言，我们针对特定区域展开空间聚类分析，首先，载入 B 市的行政区划矢量数据（街区组级别），见图 3-3，数据路径为 SC.gdb→Sacramento。

（2）载入 B 市商业点矢量数据。见图 3-4，数据路径为 SC.gdb→ Business。

（3）仅基于位置的商业点多元聚类。选择【工具箱】→【空间统计工具】→【聚类分布制图】→【多元聚类】，打开多元聚类对话框（图 3-5）。

指定【输入要素】，点击 ，选择：Business；

指定【输出要素】，点击 ，选择存储于：SC.gdb→Business_Multivariate Clustering；

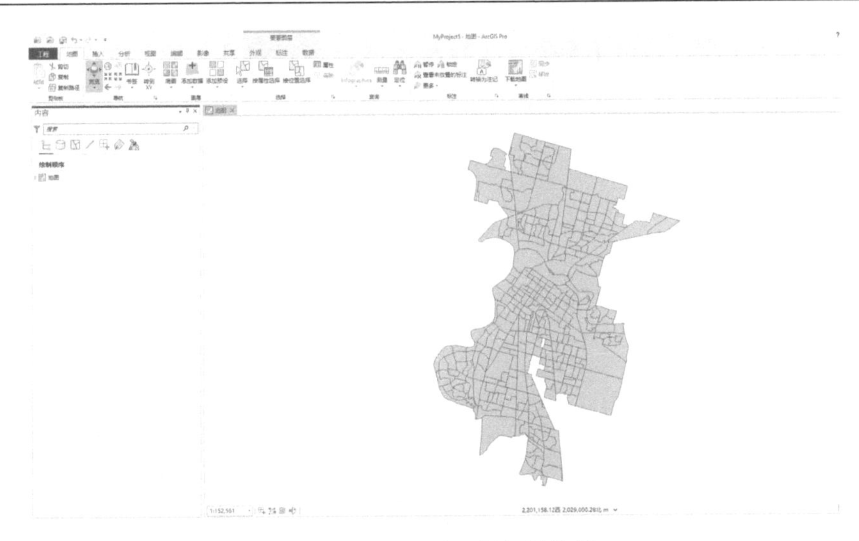

图 3-3　加载行政区划矢量数据

图 3-4　加载商业点数据

选择【分析字段】，选择：x 和 y 属性，这两个属性分别表示商业点在投影坐标系中的横坐标与纵坐标；

指定【聚类方法】，点击，选择：K 均值；

指定【初始化方法】，点击，选择：优化的种子位置；

指定【聚类数】，输入：5；

其他可选参数项使用默认值，点击 运行 ，得到仅基于商业点位置（x 和 y 属性）的 K 均值多元聚类结果（图 3-6）。

重复以上步骤，指定【聚类方法】为 K 中心点，得到仅基于商业点位置（x 和 y 属性）的 K 中心点多元聚类结果（图 3-7）。

收藏夹　工具箱
地理编码工具
地统计分析工具
多维工具
分析工具
服务器工具
公共设施网络工具
空间统计工具
度量地理分布
分析模式
聚类分布制图
多元聚类
构建平衡区域
基于密度的聚类
聚类和异常值分析 (Anselin Local Moran's I)
空间约束多元聚类
热点分析 (Getis-Ord Gi*)

地理处理
多元聚类
参数　环境
输入要素
Business
输出要素
Business_MultivariateClustering
分析字段　全选
OBJECTID
stNumber
date_diff
x
y
聚类方法
K 均值
初始化方法
优化的种子位置
聚类数　5
聚类数评估输出表

图 3-5　多元聚类对话框

图 3-6*　K 均值多元聚类

图 3-7*　K 中心点多元聚类

* 彩图以封底二维码形式提供，后同。

（4）基于时空特征的商业点多元聚类。选择【工具箱】→【空间统计工具】→【聚类分布制图】→【多元聚类】，打开多元聚类对话框（图 3-8）。

指定【输入要素】，点击 ，选择：Business；

指定【输出要素】，点击 ，选择存储于：SC.gdb→Business_MultivariateClustering3；

选择【分析字段】，选择：x、y 及 date_diff 属性，x 和 y 属性分别表示商业点在投影坐标系中的横坐标与纵坐标，date_diff 属性表示登记该商业点的时间与 2013 年 1 月 1 日之间的时间间隔天数；

指定【聚类方法】，点击 ，选择：K 均值；

指定【初始化方法】，点击 ，选择：优化的种子位置；

指定【聚类数】，输入：5；

其他可选参数项使用默认值，点击 运行 ，得到基于商业点时空特征的多元聚类结果（图 3-9）。

重复以上步骤，指定【聚类方法】为 K 中心点，得到基于商业点时空特征的 K 中心点多元聚类结果（图 3-10）。

图 3-8　基于时空特征多元聚类对话框

图3-9* 基于商业点时空特征的K均值多元聚类　图3-10* 基于商业点时空特征的K中心点多元聚类

3.5.3　B 市商业点矢量数据基于 DBSCAN（密度）的空间聚类

（1）基于 DBSCAN（密度）方法的空间聚类。选择【工具箱】→【空间统计工具】→【聚类分布制图】→【基于密度的聚类】，打开基于密度的聚类对话框（图 3-11）。

指定【输入点要素】，点击 ，选择：Business；

指定【输出要素】，点击 ，选择存储于：SC.gdb→Business_DensityBasedClustering；

指定【聚类方法】，点击 ，选择：定义的距离（DBSCAN）；

指定【每个聚类的最小要素数】，输入：50；

其他可选参数项使用默认值，点击 运行 ，得到基于 DBSCAN（密度）的聚类结果（图 3-12）。

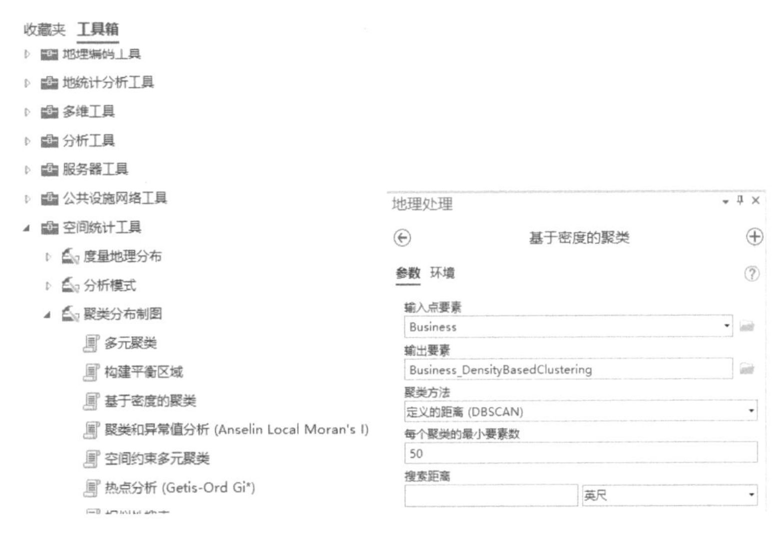

图 3-11 基于 DBSCAN（密度）的聚类对话框

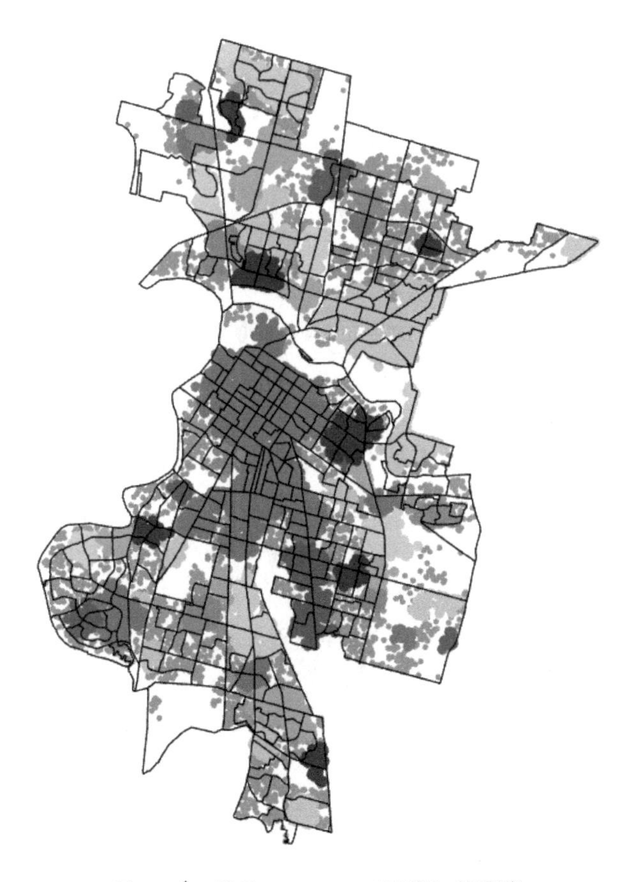

图 3-12* 基于 DBSCAN（密度）的聚类

（2）基于 HDBSCAN（密度）方法的空间聚类。选择【工具箱】→【空间统计工具】→【聚类分布制图】→【基于密度的聚类】，打开基于密度的聚类对话框（图 3-13）。

指定【输入点要素】，点击 ，选择：Business；

指定【输出要素】，点击 ，选择存储于：SC.gdb→Business_DensityBasedClustering1；

指定【聚类方法】，点击 ，选择：自调整（HDBSCAN）；

指定【每个聚类的最小要素数】，输入：50；

点击 运行 ，得到基于 HDBSCAN（密度）的聚类结果（图 3-14）。

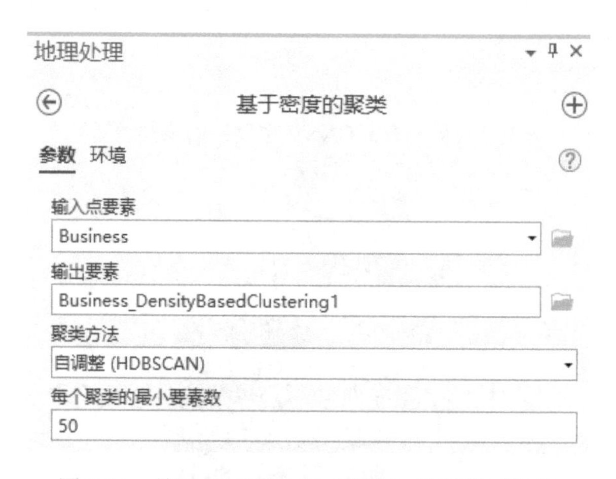

图 3-13　基于 HDBSCAN（密度）的聚类对话框

（3）基于 OPTICS（密度）方法的空间聚类。选择【工具箱】→【空间统计工具】→【聚类分布制图】→【基于密度的聚类】，打开基于密度的聚类对话框。

指定【输入点要素】，点击 ，选择：Business；

指定【输出要素】，点击 ，选择存储于：SC.gdb→Business_DensityBasedClustering2；

指定【聚类方法】，点击 ，选择：多比例（OPTICS）；

指定【每个聚类的最小要素数】，输入：50；

点击 运行 ，得到基于 OPTICS 聚类方法的聚类结果（图 3-15）。

图 3-14* 基于 HDBSCAN（密度）的聚类

图 3-15* 基于 OPTICS（密度）的聚类

3.5.4 B 市人口普查面数据多元聚类

（1）载入 B 市人口普查面矢量数据。见图 3-16，数据路径为 SC.gdb→Census。

图 3-16　加载人口普查面数据

（2）基于位置的街区组（block group）多元聚类。选择【工具箱】→【空间统计工具】→【聚类分布制图】→【多元聚类】，打开多元聚类对话框（图 3-17）。

指定【输入要素】，点击，选择：Census；

指定【输出要素】，点击，选择存储于：SC.gdb→Census_Multivariate Clustering；

选择【分析字段】，选择：x 和 y 属性，这两个属性分别表示该街区组的多面性中心点在投影坐标系中的横坐标与纵坐标；

指定【聚类方法】，点击，选择：K 均值；

指定【初始化方法】，点击，选择：优化的种子位置；

指定【聚类数】，输入：5；

其他可选参数项使用默认值，点击 运行 ，得到仅基于位置（x 和 y 属性）的 K 均值多元聚类结果（图 3-18）。

重复以上步骤，指定【聚类方法】为 K 中心点，得到仅基于位置的 K 中心点多元聚类结果（图 3-19）。

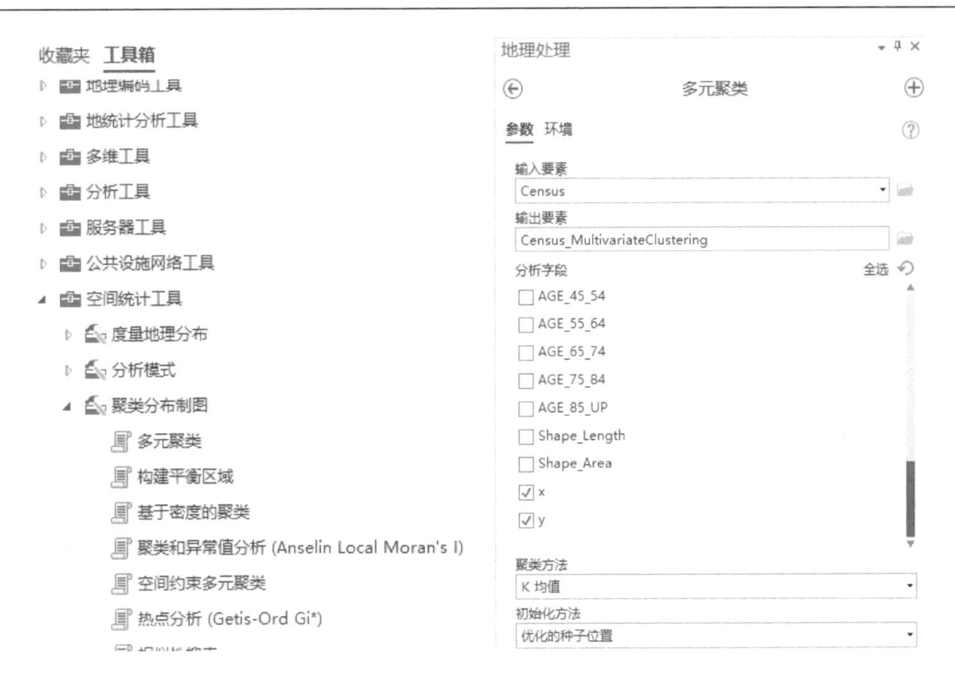

图 3-17　多元聚类对话框

图 3-18*　基于位置的 K 均值多元聚类　　　图 3-19*　基于位置的 K 中心点多元聚类

（3）基于人口年龄分组的多元聚类。选择【工具箱】→【空间统计工具】→【聚类分布制图】→【多元聚类】，打开多元聚类对话框。

指定【输入要素】，点击，选择：Census；

指定【输出要素】，点击，选择存储于：SC.gdb→Census_Multivariate Clustering2；

选择【分析字段】，选择：年龄分组属性；

指定【聚类方法】，点击，选择：K 均值；

指定【初始化方法】，点击，选择：优化的种子位置；

指定【聚类数】，输入：5；

其他可选参数项使用默认值，点击 运行，得到基于人口年龄分组的 K 均值多元聚类结果（图 3-20）。

重复以上步骤，指定【聚类方法】为 K 中心点，得到基于人口年龄分组的 K 中心点多元聚类结果（图 3-21）。

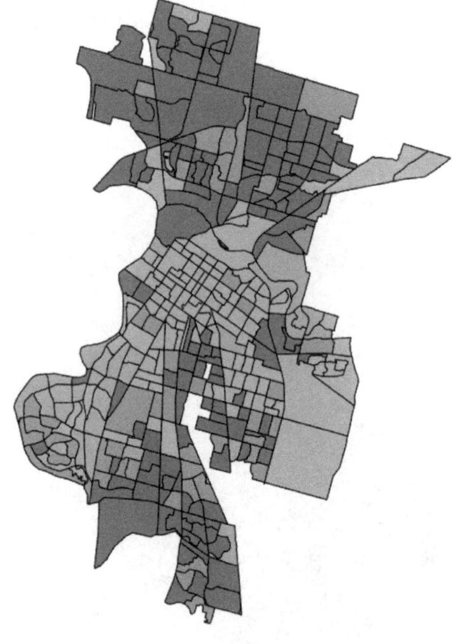

图 3-20* 基于人口年龄分组的 K 均值多元聚类

图 3-21* 基于人口年龄分组的 K 中心点多元聚类

（4）基于种族分组的多元聚类。选择【工具箱】→【空间统计工具】→【聚类分布制图】→【多元聚类】，打开多元聚类对话框。

指定【输入要素】，点击，选择：Census；

指定【输出要素】，点击，选择存储于：SC.gdb→Census_Multivariate Clustering4；

选择【分析字段】，选择：种族分组属性；

指定【聚类方法】，点击，选择：K均值；

指定【初始化方法】，点击，选择：优化的种子位置；

指定【聚类数】，输入：5；

其他可选参数项使用默认值，点击运行，得到基于种族分组的K均值多元聚类结果（图3-22）。

重复以上步骤，指定【聚类方法】为K中心点，得到基于种族分组的K中心点多元聚类结果（图3-23）。

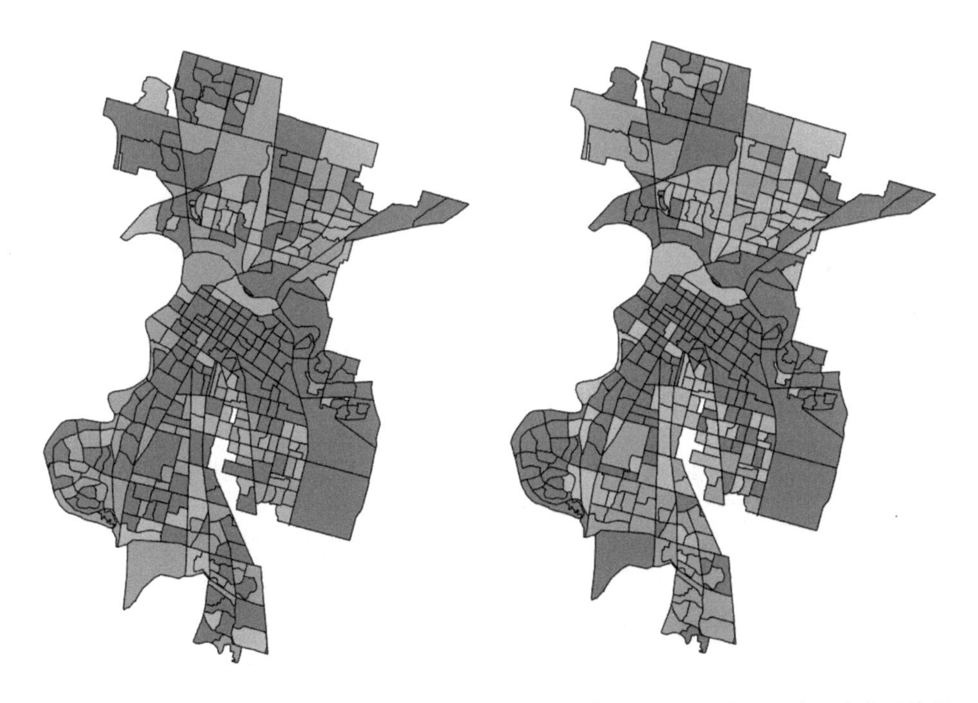

图3-22* 基于种族分组K均值多元聚类　　图3-23* 基于种族分组K中心点多元聚类

3.6 思考题

（1）参考式（3-1），尝试写出 K 中心点（K-medoids）聚类方法的目标函数的数学形式。

（2）思考利用基于密度的聚类方法对高维数据（如四维时空数据）集进行聚类分析时可能会遇到哪些问题？针对这些问题有哪些解决方案？

第二篇　空间配置

第 4 章　空间可达性分析

4.1　理 论 基 础

4.1.1　理论概述

可达性（accessibility）是指利用一种特定的交通系统从某一给定区域到达活动地点的便利程度，反映了区域与其他有关地区相接触进行社会经济和技术交流的机会与潜力，是衡量区域服务设施空间布局合理性的重要指标。评价空间可达性的方法一般有基于几何网络的方法和基于拓扑网络的方法。

1）基于几何网络的方法

基于几何网络的方法主要研究道路数据的空间距离、经济距离等几何属性，主要方法包括距离法、累积机会法和等值线法、重力模型法、两步移动搜寻法等。

（1）距离法：直观、简洁地使用最短距离等对可达性进行研究，适合宏观层面的可达性评价，但由于现实中的道路并非距离最短的直线，较少用于实际的道路分析。

（2）累积机会法和等值线法：假定匀质的可达性研究区域，将可达性进行数值上的分级或累加，适用于不同时空条件下的交通设施状况、土地利用变化等的比较研究，但并未考虑现实情况下的复杂的非匀质性及距离衰减特性，对现实路网进行模拟需要考虑更多因素。

（3）重力模型法：采用了连续型距离衰减函数，从而考虑了设施服务能力随距离衰减的特征，但并未对设施的有效搜寻半径进行限制。

（4）两步移动搜寻法：采用二分法处理距离衰减以研究可达性，在搜寻半径阈值范围内的可达性相同，而在搜寻半径范围之外则完全不可达，又过于绝对。

2）基于拓扑网络的方法

基于拓扑网络的方法则侧重于研究需要着重强调拓扑关系和拓扑距离的领域，主要方法包括空间句法分析法和网络分析法等。

（1）空间句法分析法：通过空间分割，以分割形成的子空间为图节点，将整个网络转换为空间连接图，运用图论的方法推导出一系列形态分析变量，以描述空间在不同水平上的结构特征。

（2）网络分析法：通过模拟、分析网络的状态以及资源在网络上的流动和分配等过程，研究网络结构、流动效率及网络资源等的优化问题，常用来解决路径分析、资源分配、最佳选址和地址匹配等问题。网络（network）是拓扑法的研究基础。现实世界中，若干线状要素相互连接成网状结构，资源沿着这个线性网流动，这样就构成了一个网络。具体说来，网络就是指现实世界中，由链和结点组成的，带有环路，并伴随着一系列支配网络中流动过程的约束条件的线网图形。在 GIS 中，作为空间实体的网络是一种复杂的地理目标，除了具有一般网络的边、结点间的抽象的拓扑含义之外，还具有空间定位上的地理意义和目标复合上的层次意义，要考虑阻强、资源容量、资源需求量等非空间属性。交通网络就是这样一种对交通系统进行模拟，从而研究其拓扑关系和通达程度的复杂图形。对交通网络进行网络分析，可以直观地把握该地区交通系统的可达性分布情况。

4.1.2　基本原理

本实验采用基于拓扑网络的网络分析法（network analysis）对空间可达性进行评估。该方法能将无拓扑关系的线数据转换为地理实体数据模型，较好地模拟现实中的交通系统。网络分析的基础是图论和运筹学，是通过将现实的网络抽象为图，进而对图中各结点间权重最高/低的边的集合进行取舍，从而得出最优结果的一种手段。

在交通网络中进行网络分析时，所用的结点为道路的交叉点，边为从交叉点打断的道路段，所用各条边的权重为车辆或人员通过各条道路所用的时间、油量、获得的资源等。从起始点出发，一路做出各种各样的选择，经过各个结点和结点之间的道路，直至到达目的地点。交通网络分析的目的就是在考虑边的权重时，抉择出综合权重最高或最低的道路行驶路线合集（图 4-1）。

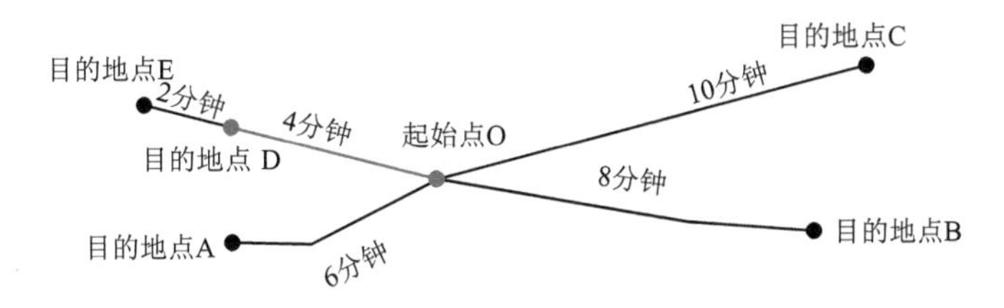

图 4-1　在交通网络中选择用时最优路线到达目的地点

在基于某种交通工具的可达性评价实验中，构成网络的边的权重为道路行驶时间，每个起始点的可达性用到达目的地点所需的最短时间来衡量。当起始点确定、各目的地点仅有距离上的远近区别之时，到达目的地点最快的路线就是该起始点可达性最高的路线，这条路线上的所用时间即作为该起始点的可达性。

此时可达性的计算公式为

$$A_i = \min\left\{T_{ij}\right\} \tag{4-1}$$

其中，A_i 为节点 i 的可达性；T_{ij} 为节点 i 通过交通网络中通行时间最短的路线到达目的地点 j 所花费的时间。

4.2 实 验 目 的

（1）理解可达性的意义，了解可达性的评价方法。

（2）掌握 OSM（OpenStreetMap）数据下载和处理方法，能够基于 OSM 数据创建交通网络。

（3）了解网络分析的原理，能够运用网络分析进行可达性分析。

4.3 实验场景与数据

4.3.1 实验场景

某市是一座特大城市，拥有三级医院 61 所，医疗资源较为丰富。但该市面积广阔，医院的分布不均衡（图 4-2），非中心城区的三级以上医院数量较少，群众获取医疗资源普遍难于中心城区，而即使在中心城区，部分地区群众仍有看病难问题，医院的布局情况需进一步优化。评价某市中心城区各地区三级以上医院的空间可达性，有助于更好地认识城市不同区域的空间医疗可达差异，以便更好地为调整规划提出建议。

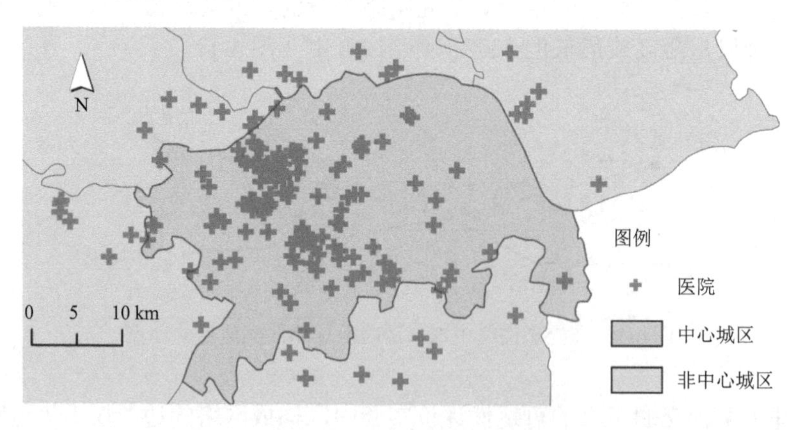

图 4-2　某市中心城区三级以上医院分布图

4.3.2　实验数据

本实验使用的数据主要有某市三级以上医院分布数据及市中心城区行政区矢量数据和从 OpenStreetMap 网站获取的该市道路数据。

（1）该市三级以上医院分布数据及中心城区行政区矢量数据。该数据采集自天地图网站，用户可向网站提出申请以获取 API 接口，进行数据的调用。

（2）该市道路数据。该数据采集自 OpenStreetMap 网站，简称为 OSM 数据。OpenStreetMap 是一个开放平台，允许用户作为志愿者上传免费开源的地理数据，目前数据已覆盖全世界大部分主要地区，较为全面。对道路系统进行研究需要时效性较高的数据，OSM 的数据更新频度较高且方便获取，适合用于研究。

OSM 数据由志愿者提供，数据质量和精度会参差不齐，出现一定程度的道路分类错误或边界错误等，难以满足高精度下地理分析的要求。进行高精度地理分析时，应在研究者对研究地区足够了解的前提下，使用其他高精度数据对 OSM 数据进行精度评价，如使用该地的卫星地图对 OSM 数据进行纠正，或直接向当地有关部门请求已有的路网测绘数据。

4.4　实验内容与流程

本实验中将进行 OSM 数据的下载和处理，使用下载的 OSM 数据构建交通网络，并对交通网络进行可达性分析和分级制图。

1. OSM 数据的下载和处理

从相应的下载平台下载研究区域的 OSM 数据和行政区矢量数据、医院分布数据，对其进行裁剪和投影。

2. 基于 OSM 数据的交通网络构建

对 OSM 数据中的路网数据按道路类型打断相交线，添加拓扑，并改正拓扑错误。对不同道路类型的道路进行速度计算，建立以每段道路通行时间为成本的交通网络。

3. 基于交通网络的可达性分析及制图

建立起止点成本矩阵（origin destination cost matrix，OD 成本矩阵）以进行网络分析，并建立渔网，以渔网中心点为起始点，医院为目的地点进行求解，得到各渔网点到各个医院的通行成本；汇总得到每个渔网点就医所需时间的最小值作为可达性值；将可达性值进行分级，并进行分级制图。

实验流程如图 4-3 所示。

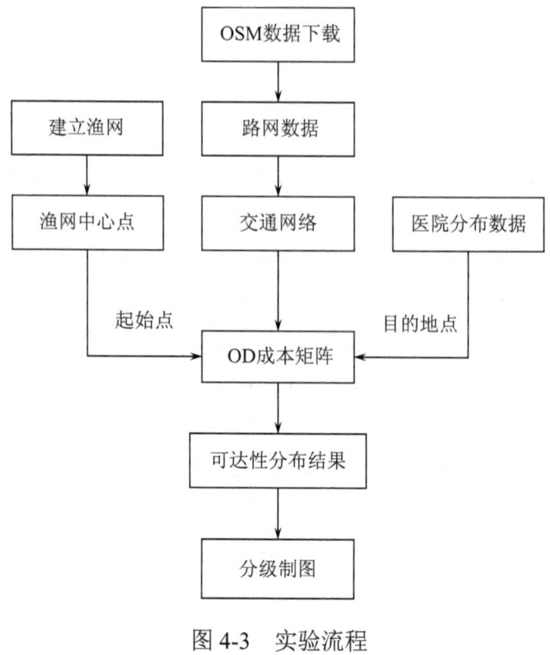

图 4-3　实验流程

4.5 实验步骤

4.5.1 软件工具

本实验使用 ArcGIS Pro 软件进行操作。ArcGIS Pro 软件用来对 OSM 数据进行加工，将其转换为网络分析能够使用的交通网络。使用的工具主要有创建网络工具、创建拓扑工具和建立 OD 成本矩阵等。

1. 创建网络工具

对道路进行网络分析需要可供分析的网络系统，因此需要进行网络的创建。该工具通过对道路线数据进行加工，根据道路之间的拓扑关系，使其成为拥有分段道路和可供转弯的结点，进而使之成为可以进行网络分析的网络。

2. 创建拓扑工具

用路网数据建立网络需要数据有一定的拓扑关系，因此需要对原始的线数据创建拓扑，使其满足一定拓扑规则，建立起合适的拓扑关系，达到建立网络的基本要求。

3. 建立 OD 成本矩阵

对现实的交通网络进行分析，需要考虑行驶的成本，因此需要建立 OD 成本矩阵。通过建立 OD 成本矩阵并载入起始点和目的地点，得到计算机需要进行路网行驶成本计算的路径集合，从而进行起始点最短可达时间（即可达性）的求解。

4.5.2　OSM 数据处理

本实验以 OSM 数据构建交通网络并分析可达性，首先需要对实验所需的 OSM 数据进行处理。

有许多网站提供了各种尺度的 OSM 数据的下载，本实验所用数据从 OSM 官网获取。下载好的 OSM 的 shp 格式数据要经过裁剪和投影才能满足进一步的实验要求。

shp 格式的数据中包括各种单独分类的点、线、面要素（表 4-1），本实验主要对公路数据（gis_osm_roads_free_1）进行处理。

表 4-1　OSM 数据文件说明

文件名	说明	文件名	说明
gis_osm_natural_free_1	自然地物	gis_osm_buildings_a_free_1	建筑物（面）
gis_osm_places_free_1	城镇位置	gis_osm_landuse_a_free_1	用地类型（面）
gis_osm_pofw_free_1	寺庙教堂	gis_osm_natural_a_free_1	自然地物（面）
gis_osm_pois_free_1	兴趣点	gis_osm_places_a_free_1	城镇位置（面）
gis_osm_railways_free_1	轨道交通	gis_osm_pofw_a_free_1	寺庙教堂（面）
gis_osm_roads_free_1	公路	gis_osm_pois_a_free_1	兴趣点（面）
gis_osm_traffic_free_1	交通相关	gis_osm_traffic_a_free_1	交通相关（面）
gis_osm_transport_free_1	交通基础设施	gis_osm_transport_a_free_1	交通基础设施（面）
gis_osm_waterways_free_1	水系	gis_osm_water_a_free_1	水体（面）

获取数据时，无论哪种下载方式，往往都会为了数据覆盖全面而下载较大范围的数据（图 4-4），但这样的数据可能并不适合当前研究区域的尺度。在获取到

图 4-4　下载到大于研究区域范围的数据

大于研究区域范围的数据后，使用【分析工具】→【提取分析】→【裁剪】（图 4-5）得到研究区域合适大小的数据 roads.shp。同时，使用水系分布数据（waters.shp）除去不可达的水系部分。

下载的 OSM 数据一般只拥有地理坐标系投影，但数据只有具有投影坐标系后，才能进行较为精确的长度、角度和面积的计算。OSM 数据自带的地理坐标系不符合计算所需，因而必须重新进行投影。使用【数据管理工具】→【投影与变换】→【投影】（图 4-6）工具，对该数据进行投影变换，根据实验区域经纬度和墨卡托投影分区规则，选择投影坐标系为 WGS_1984_UTM_Zone_49N，得到单位为米的数据路网数据（Roads_Project.shp）（图 4-7）。

图 4-5　对下载的大范围数据进行裁剪

图 4-6　对裁剪后的数据进行投影

图 4-7　经过裁剪和投影的研究区域数据

4.5.3　基于 OSM 数据的交通网络构建

单纯的 OSM 路网只是一般的线要素，现实中的交通网络则是包含了作为线的路段和作为点的路口的、可以进行寻路的、带有拓扑关系的复杂网络。计算可达性必须要对路网进行高度的模拟，因而必须将其建立为包含几何信息和拓扑信息、能提供路线选择的交通网络。

1. 交通路网拓扑关系的构建

新建一个要素数据集 Network（图 4-8），将路网数据 Roads_Project.shp 导入数据集 Network 中。

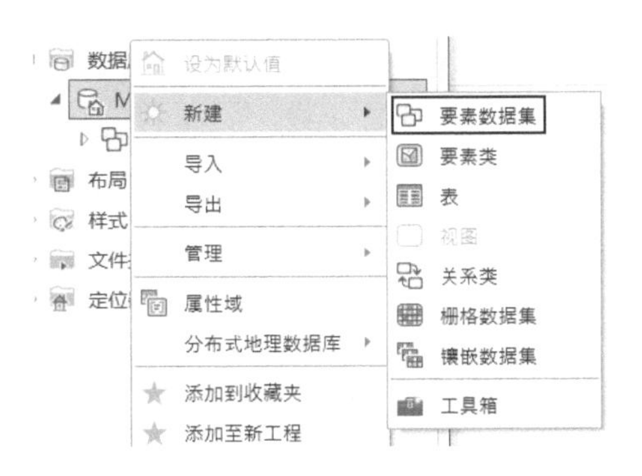

图 4-8　新建要素数据集

对于构建交通网络来说，道路的名称等信息是不必要的，只需保证道路的地物分类等和通行有关的信息不丢失即可。点击【编辑】→【修改】对 Roads.shp 进行编辑，从属性表中使用【按属性选择】选择所有 fclass 属性相同的路段，使用编辑工具中的【合并】功能依次进行合并。

交通网络中不能出现相交的线，必须用新的结点将线打断，否则会造成拓扑错误。将所有道路合并到只有 fclass 不同后，选中所有道路，使用【打断】功能（图 4-9）将所有道路打断，保存编辑。

在 Network 数据集中新建拓扑 Network_Topology（图 4-10），并选中要建立拓扑的要素，添加以下规则（图 4-11）。

（1）不能有悬挂点（线），即每一条线段的端点都不能孤立，必须和本要素中其他要素或和自身相接触，违反规则的地方将产生点错误。

（2）不能自相交（线），违反规则的地方将产生线错误和点错误。

（3）不能相交或内部接触（线），违反规则的地方将产生线错误和点错误。

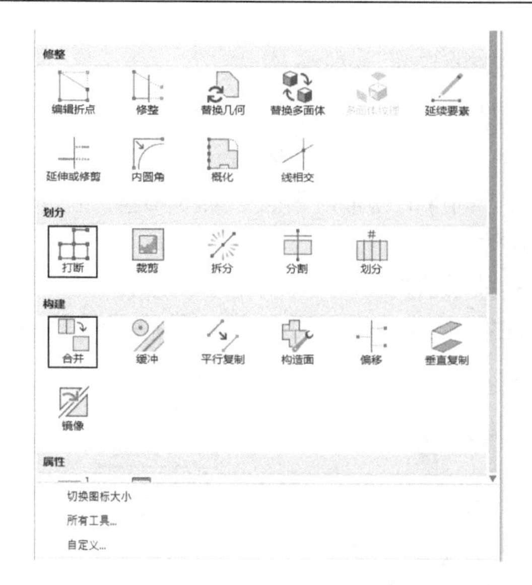

图 4-9　高级编辑工具中的合并与打断相交线要素

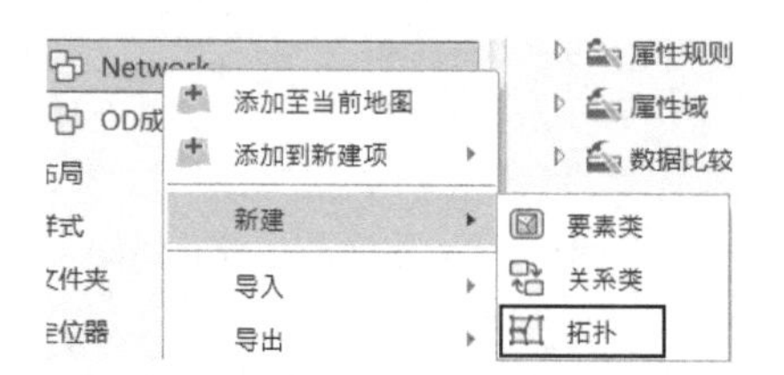

图 4-10　新建拓扑

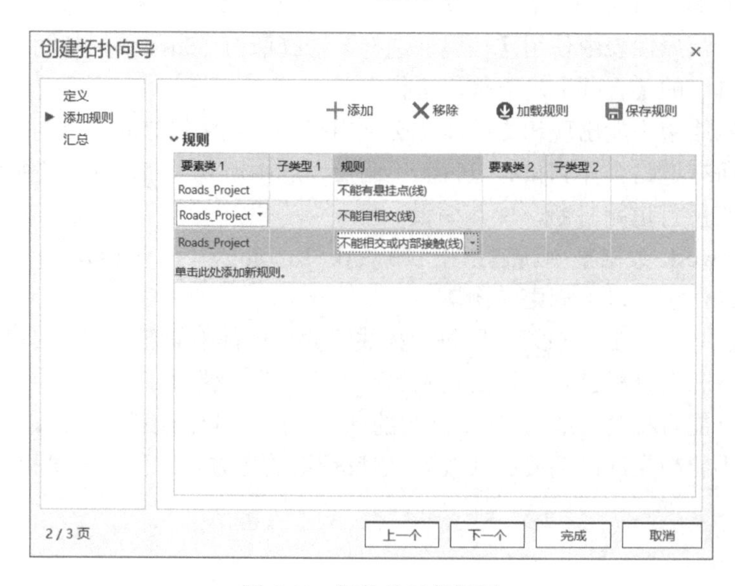

图 4-11　拓扑的三条规则

加载拓扑图层，在【编辑】→【错误检查器】→【验证】中验证拓扑后，要对拓扑中的错误进行修改。悬挂点错误修正的方法是将有悬挂点的线段延伸到其他要素上，或者将长出的部分截断后删除；自相交错误修正的方法是在自相交处适当缩短或外移；相交或内部接触错误则应根据实际需要编辑、修正。在编辑器中选择【拓扑编辑器】（图 4-12），打开错误检查器，使用对应的【修剪】、【延伸】和【分割】等工具进行修正，直到路网中已经没有拓扑错误，只有道路尽头存在悬挂点。

错误检查器: 图层

来源: Network_Topolog　验证　过滤器:　选择:

形状	要素 1	规则	要素 2	异常
	Roads_Project : Roa...	不能有悬挂点	不适用	
	Roads_Project : Roa...	不能相交或内部接触	Roads_Project : Roa...	
	Roads_Project : Roa...	不能相交或内部接触	Roads_Project : Roa...	
	Roads_Project : Roa...	不能相交或内部接触	Roads_Project : Roa...	
	Roads_Project : Roa...	不能相交或内部接触	Roads_Project : Roa...	
	Roads_Project : Roa...	不能有悬挂点	不适用	

已选择 0 个，共 773 个

图 4-12　拓扑错误检查

2. 交通路网通行成本属性的计算

建立路网的拓扑关系后，需要对路网的部分属性信息进行修改，使其更符合现实情况。在不同类型的道路上行驶，车辆的平均速度也不一样，车辆行驶通过这些路段所用的时间也不一样，我们将车辆在这些路段上的行驶用时作为交通网络的成本，以此来计算每个起始点到目的地用时最少的路线。

右键点击 Roads_Project.shp 属性表，使用【添加字段】添加一个名为 Drivetime 的双精度字段用于储存行车时间，计算方法为该路段长度/车辆行驶速度。车辆在不同道路类型的路段上行驶，平均速度不同，行驶所需的时间也不同。OSM 的道路分类字段为志愿者上传，可能存在分类不准确的问题，在进行研究时应进行不同等级道路的取舍，适当去除一些不太合适的道路等级。本实验采用的道路速度分类如表 4-2 所示。

属性表中有各个类型的道路，需要分类进行计算。在属性表中，直接在字段计算器中对 Drivetime 进行简单的分类计算。由式（4-2）可进行计算：

$$\mathrm{DT}_i = \frac{L_i}{1000} / V_i \tag{4-2}$$

其中，DT_i 为各个路段车辆所用行驶时间 Drivetime，单位为 h；L_i 为该路段长度，单位为 m；V_i 为该路段车辆行驶速度，单位为 km/h。

表 4-2　道路速度分类

道路分类	说明	速度/（km/h）	道路分类	说明	速度/（km/h）
trunk	干道	50	tertiary	三级道路	10
motorway	高速公路	50	service	辅路	10
motorway_link	高速公路支路	50	tertiary_link	三级道路支路	10
trunk_link	干道支路	50	unknown	未知	5
primary	一级道路	40	track	小道	5
primary_link	一级道路支路	40	residential	居民区道路	5
secondary	二级道路	30	pedestrian	人行道	5
secondary_link	二级道路支路	30	living_street	生活街道	5
unclassified	未分类	20	footway	步道	5
cycleway	自行车道	15	steps	台阶	0

使用 Python 代码对 DT_i 进行计算，输入定义的函数 Dis（!flclsss!,!Shape_Length!），并在代码块区域输入该函数的定义（图 4-13），在计算区域对代码和所需参数进行调用，点击确定即可得到对应的 Drivetime 值。

```
def Dis (f,d) :
        if  f =="trunk_link" or  f =="trunk" or f =="motorway" or f =="motorway_link" :
                return (d/1000/50)
        elif  f =="primary" or  f =="primary_link" :
                return (d/1000/40)
        elif  f =="secondary" or  f =="secondary_link" :
                return (d/1000/30)
        elif f =="unclassified" :
                return (d/1000/20)
        elif  f =="cycleway" :
                return (d/1000/15)
        elif  f =="tertiary" or  f =="tertiary_link" or f =="service":
                return (d/1000/10)
        elif  f =="unknown" or  f =="track" or f =="residential" or f =="pedestrian" or f =="living_street" or f =="footway" :
                return (d/1000/5)
        else: return 0
```

图 4-13　对 Drivetime 进行分类计算的预逻辑脚本 Dis( )的代码

图 4-14　新建道路网络数据集

也可根据代码的逻辑，将各个道路的类型分别用【按属性选择】选中导出后，在字段计算器中单独用各自的速度进行计算，最后将所有类型的道路使用【地理处理】→【合并】进行合并，也可得到完整的带有路段行驶时间的路网数据。

构建好了拓扑关系和路网通行成本，即可建立交通网络。在【网络分析工具】→【网络数据集】→【创建网络数据集】工具中，使用 Network 新建路网数据集（图 4-14）。

修改新建的网络数据集，为其添加网络通行成本。右键点击新建的网络数据集，点击属性进行设置，在【交通流量属性】→【成本】中新建时间成本，添加 Drivetime 为时间默认字段，单位为小时（图 4-15），即可完成一个简单的交通网络的构建（图 4-16）（此步骤需要保证该数据集未打开为图层）。

图 4-15　网络数据集设置

修改网络要素后，使用【网络分析工具】→【网络数据集】→【构建网络】工具，重新构建网络。构建好的交通网络包括结点和路段两种要素，如图 4-16 所示。

4.5.4　基于交通网络的可达性分析及制图

在基于交通网络的可达性分析中，需要计算从起始点到目的地的可达时间。在本实验中，我们选择均匀分布在某市中心城区的渔网中心点作为起始点，三级以上医院作为目的地，在交通网络中进行可达时间的计算。

1. 渔网的建立

均匀分布在全城的渔网可以视为对全城面积进行采样，以渔网的中心点作为出行起始点，得出的结果较为符合研究需要与真实情况。新建一个范围为某市中心城区，网格大小为 1km×1km 的渔网。使用【数据管理工具】→【采样】→【创建渔网】工具创建渔网，网格线数据 Network_fishnet.shp 和渔网点数据 Network_fishnet_label.shp 如图 4-17 所示。

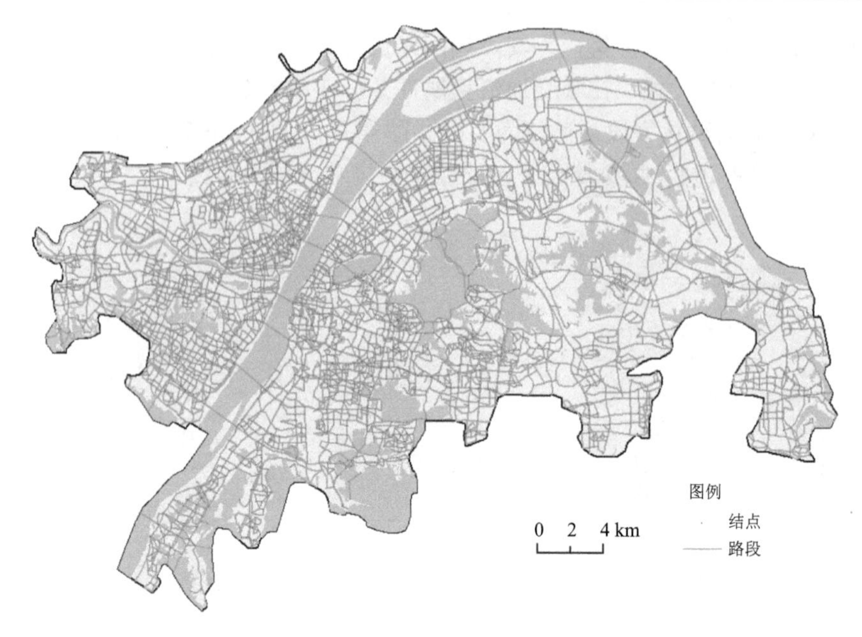

图 4-16　建立好的交通网络

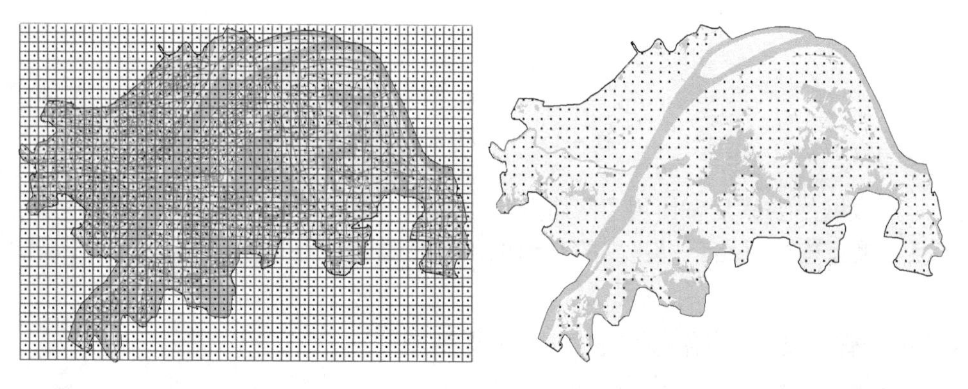

图 4-17　网格大小为 1km×1km 的渔网　　　　图 4-18　经过裁剪的某市中心城区渔网点数据

对研究区域外的渔网点进行裁剪。使用【分析工具】→【提取分析】→【裁剪】，用某市中心城区数据对渔网点 Network_fishnet_label.shp 进行裁剪（图 4-18）。

2. 基于最小出行成本的可达性计算

对作为目的地的三级以上医院数据也进行投影，其步骤与路网数据的投影相同，得到三级以上医院的分布数据（医院_Project.shp）（图 4-19）。

图 4-19　投影后的研究区域三级以上医院分布数据

使用【网络分析工具】→【创建 OD 成本矩阵分析图层】(图 4-20),将 Drivetime 设为累积属性。在成本矩阵的内容窗口中，将起始点载入为“渔网点”，目的地载入为“医院_Project”(图 4-21)，点击运行求解得到各个点之间的路网可达时间。

图 4-20　新建 OD 成本矩阵

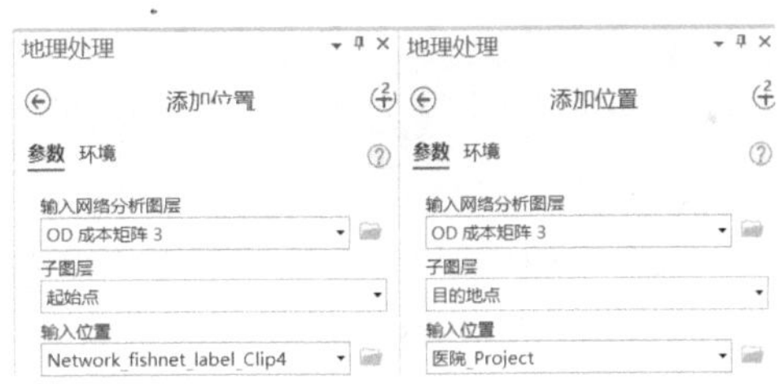

图 4-21　载入起始点和目的地点

将从起始点到目的地点的最短行驶时间作为各起始点的可达性。计算各起始点可达性，在生成的线图层的属性表中右键点击 OriginID 栏，将可达时间以 OriginID 为案例分组字段，汇总每个起始点的最小值（图 4-22)，即可得到每个起始点的可达性统计表。

得到统计表后，需要将统计表与具体的点数据图层连接，才能在地图上进行展示，将渔网点与统计表连接（图 4-23)，并使用【地统计分析工具】→【插值分析】→【反距离权重法】对渔网点进行插值，将离散的点可达性值数据插值为可达性值的面栅格数据。插值时，设置环境中的处理范围为与中心城区图层相同

（图 4-24），以避免插值结果无法覆盖研究区域，插值后即可得到某市中心城区的三级以上医院可达性分布示意图（图 4-25）。

图 4-22　将每个起始点到达目的地点的时间汇总取最小值

图 4-23　将渔网点与统计表连接

图 4-24　设置处理范围

图 4-25　某市中心城区三级以上医院可达性分布示意图

3. 可达性分级制图

得到示意图后，对其进行进一步分级制图，以满足制图需要。进行栅格裁剪【数据管理工具】→【栅格】→【栅格处理】→【切片栅格】，勾选使用输入要素裁剪几何，以去除不需要的中心城区外区域（图 4-26）。

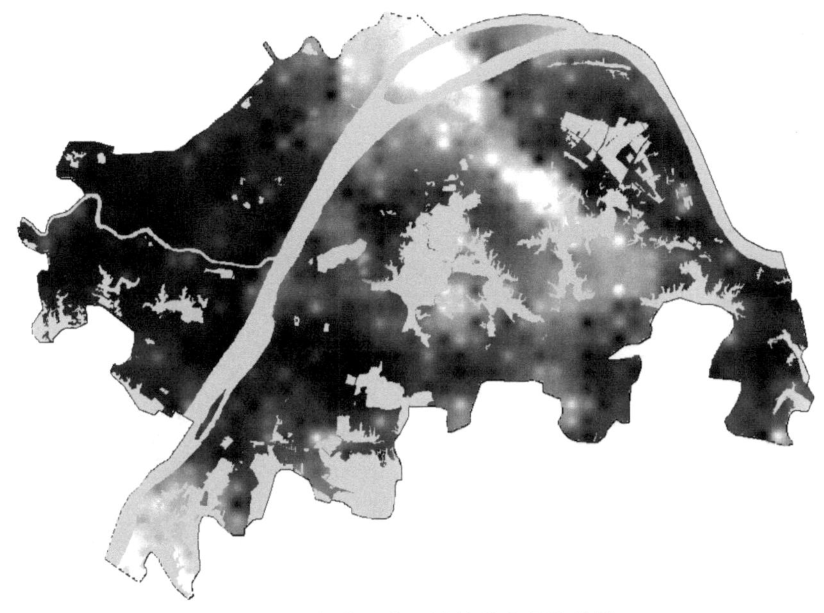

图 4-26　裁剪后的可达性分布栅格数据

继续加工图像，进行栅格值的分级显示。双击图层符号，在【符号系统】中选择【分类】显示方法，选择合适的色带，选择分为 5 类，点击分类按照自然间断点分级法（Jenks），并在自动分类的中断值之上微调（图 4-27），最终得到如表 4-3 所示的可达性值的分类标准。

为其添加医院图层、水系图层并进行符号化显示，并添加图例、指北针、比例尺等其他地图元素，即可得到成图（图 4-28）。

图 4-27　在自然间断点分级法基础上微调分级标准

表 4-3　可达性值的分类标准

可达时间范围/h	分类
0～0.10	高可达性
0.10～0.20	较高可达性
0.20～0.35	中可达性
0.35～0.50	较低可达性
>0.50	低可达性

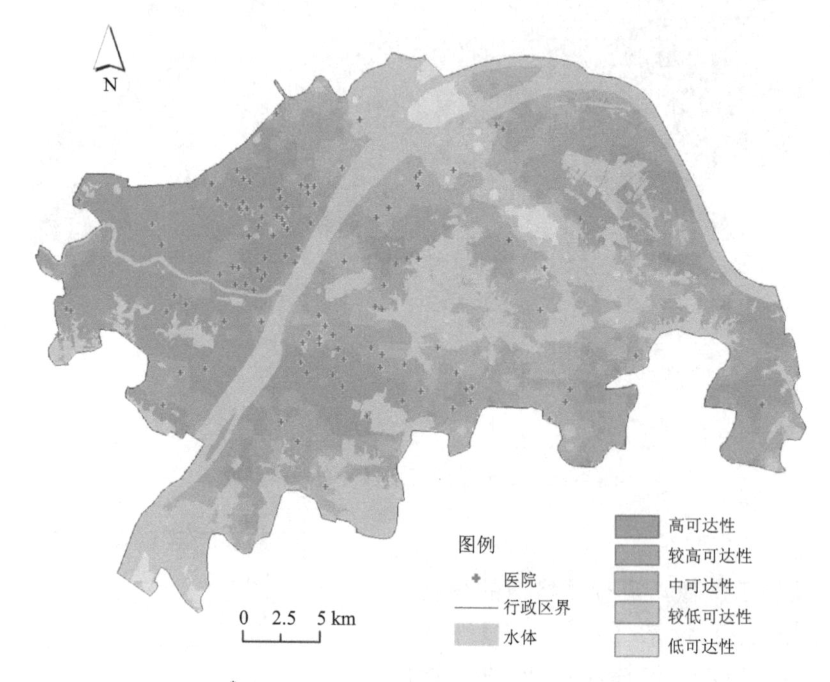

图 4-28*　某市中心城区三级以上医院可达性分布图

4.6　思　考　题

（1）利用 OSM 数据还可以进行什么空间分析？

（2）在现实的交通系统中存在单向车道，在网络分析中，如何将其在交通网络中体现出来？

第 5 章　空间选址分析

5.1　理 论 基 础

5.1.1　理论概述

选址分析是空间分析研究的重点领域之一，它一般指对各种特定的区位条件进行缓冲区分析、叠加分析、插值分析、统计分析等空间分析，将得到的结果进行综合，最终得出合适的选址区域的研究。选址分析的领域包括商业区域选址、公共服务区域选址、居民聚落选址和基础设施选址等。影响选址的因素包括自然、社会、经济等各个方面，具体的选址分析往往从网点的选址目的和特点出发确定主要的影响因素。例如，对物流中心进行选址，需要考虑的不但有地价、劳动力价格、地形等，还需要重点考虑与物流能力息息相关的交通网络通达程度及与货运枢纽的空间距离等。

选址分析中常用的方法主要包括定性分析方法和定量分析方法，其中，定性分析方法较为主观，主要依据人的经验和直觉进行选址分析。而定量分析法则通常需要利用计算机来建立相应的数学模型进行求解。常用于选址分析的定量分析法大致可以归纳为以下几种类型。

1. 启发式方法

这是一种逐次求近似解的方法，即先简单地求出初始解，然后经过反复计算修正这个解，使之逐步达到近似最优解的方法。这类方法一般仅考虑有限的几种影响因素，难以全面考虑网点的影响因素及其相互的复杂关系。

2. 模拟方法

这是一种用数值方法求解动态系统模型的过程，它从某个初始状态开始，按照时间的进程，一步一步地求解，最后得到系统模型的一个特解。

3. 优化方法

该方法将选址问题的主要因素用数学公式表达出来，并根据需要限制可求解的范围，在可能的求解范围内寻找最佳点，是目前进行选址研究较常用的一类方法。

5.1.2　基本原理

本实验将使用 GIS 方法从地理角度对 5G 基站的选址问题进行分析，主要使用的方法是基于优化方法的通视分析法、缓冲区分析。在 5G 基站的选址问题中，需要关注 5G 信号的传播问题。由于 5G 信号的绕射能力十分有限且传送距离很短，在选址时必须考虑无法绕射到的视野盲区及基于信号衰减的最大影响范围。

5G 基站信号的视野盲区可以使用通视分析进行模拟。通视分析（inter-visibility analysis）是指一种基于数字高程模型（digital elevation model, DEM）数据判断地形上任意两点之间是否可见的技术方法，实质上属于对地形进行最优化处理的范畴。DEM 是地球表面地形的数字描述和模拟，通视分析就是将视点与目标点置于 DEM 的模拟地形之上，判断视点与目标点间是否存在妨碍视线的障碍物的方法。多次进行视点与不同目标点之间的通视分析，这些可见的目标点的集合称为视域。本实验中 5G 基站的选址，就是要求建成后基站的视域最大化，排除视野盲区。

5G 基站信号的最大影响范围可以使用缓冲区分析进行模拟。缓冲区分析是指以点、线、面实体为基础，自动建立其周围一定宽度范围的缓冲区多边形图层，以此来表示有边界的均质化地理现象分布的一种方法。缓冲区分析在选址分析中通常用来表示一种资源或影响的辐射范围，本实验中使用缓冲区来表示基站的辐射范围。

5G 基站信号的实际影响范围即可通过求基站的视域与最大影响范围的交集来确定。

5.2 实 验 目 的

（1）理解空间分析的意义，了解空间分析的基本方法。

（2）掌握缓冲区、通视分析等空间分析方法，能够基于自身需求应用这些方法对地理现象的空间分布进行分析。

（3）掌握模型工具的使用方法，能够使用模型将烦琐的实验步骤简化。

5.3 实验场景与数据

5.3.1 实验场景

5G 基站建设的选址问题是城市规划研究的新兴领域。与 5G 技术高速的传输相比，5G 信号的绕射能力十分有限且传送距离很短，每个基站的平均服务距离仅为 4G 基站的 1/5，在复杂地形条件下覆盖范围将进一步减小。大城市所需信号服务覆盖面积大，地形复杂，建设 5G 基站的任务重，不恰当的选址将会导致资源的严重浪费，因此更应该对选址进行科学规划和科学决策。

由《广东省 5G 基站和数据中心总体布局规划（2021—2025 年）》可知，基站的选址应基于以下要求进行。

（1）基站应在制高点等视域良好的地址选址，基站架设应距离地基 20m 以上，以使基站 5G 信号尽量覆盖选址区域。

（2）基站建设应基于当地人流量与单一基站的负载能力，对数量和选址进行配置，以保证 5G 通信的正常速度。

（3）密集市区的基站分布应尽量间隔在 250m 之内，以保证通信质量与覆盖能力。

以此为要求，以某地区作为研究区域进行 5G 基站的选址实验。

5.3.2　实验数据

本实验使用的数据主要有从美国国家航空航天局地球数据中心获取的某地区 12.5m 分辨率 DEM 数据、从太乐地图获取的某地区楼房建筑轮廓矢量数据（含楼层层数），以及从百度地图获取的某地区人口分布热力图。

1. 某地区 12.5m 分辨率 DEM 数据

本数据从美国国家航空航天局地球数据中心网站获取。该网站提供多种卫星较高分辨率的数据产品，在进行账号注册后可框选研究区域，筛选不同数据产品进行下载（图 5-1）。

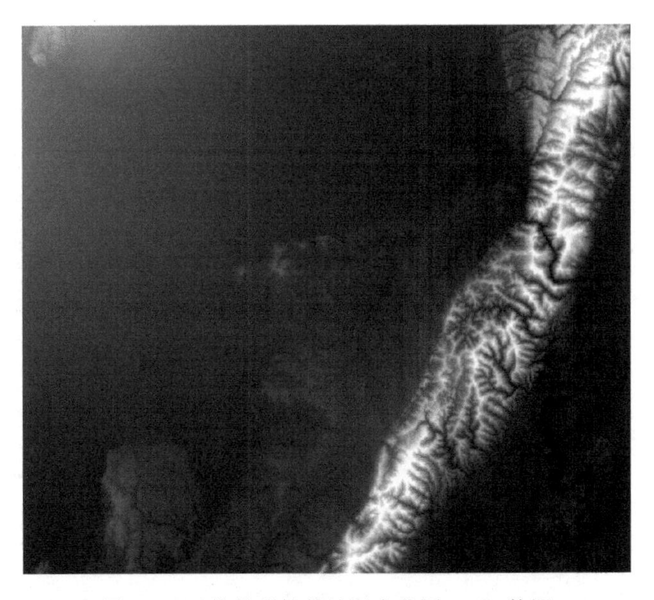

图 5-1　下载得到的某地区大范围 DEM 数据

2. 某地区楼房建筑轮廓矢量数据（含楼层层数）

本数据是从太乐地图获取的研究区域 2019 年第一季度建筑轮廓数据（图 5-2）。本数据含有楼层层数字段，可根据平均层高计算楼层总高度。

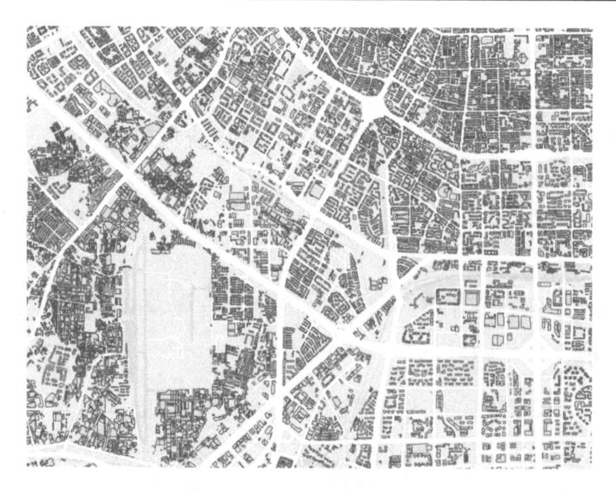

图 5-2　某地区楼房建筑轮廓矢量数据

3. 某地区某时刻人口分布热力图

本数据从百度地图移动端获取（图 5-3），以颜色代表该时刻该区域人口分布情况，经一定处理后转化为可供使用的图像（图 5-4），但数据精度不高，仅作参考。

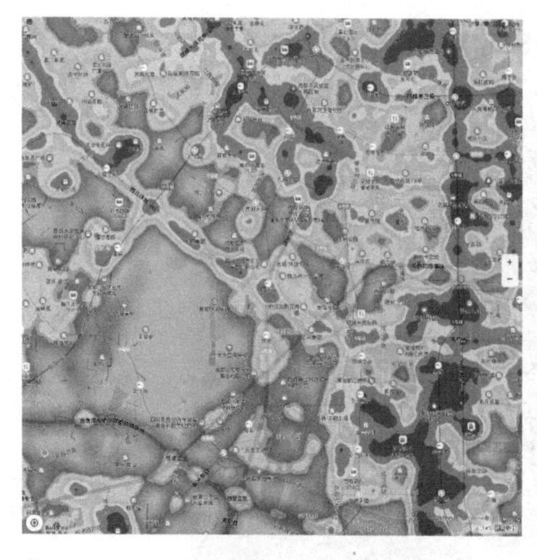

图 5-3　某地区人口热力图数据

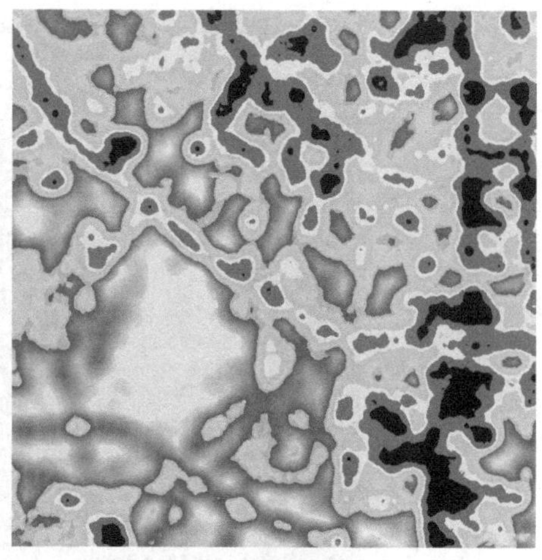

图 5-4　经处理的热力图

5.4　实验内容与流程

本实验将确定基站的选址定位，并对基站的负载能力进行评估。

1. 研究区域 DEM 影像预处理

对下载的 DEM 数据按研究区域进行提取，并通过房屋轮廓矢量数据计算楼高，将其累加在 DEM 数据上，得到选址分析使用的地形栅格数据。

2. 基于 DEM 数据的 5G 基站候选点选取与视域计算

使用邻域分析块统计工具及栅格计算器获取研究区域地形栅格数据制高点（半径 250m 圆形窗口内），作为 5G 基站选址的备选区域，并在制高点基于一定基站高度进行通视分析，得到基站通视范围。

3. 基于人口数据的 5G 基站负载能力评估

通过热力图，对通视覆盖范围内基站选址点一定区域内的人口分布情况进行统计，基于人口分布情况与基站负载上限，对 5G 基站负载能力进行评估。

实验流程如图 5-5 所示。

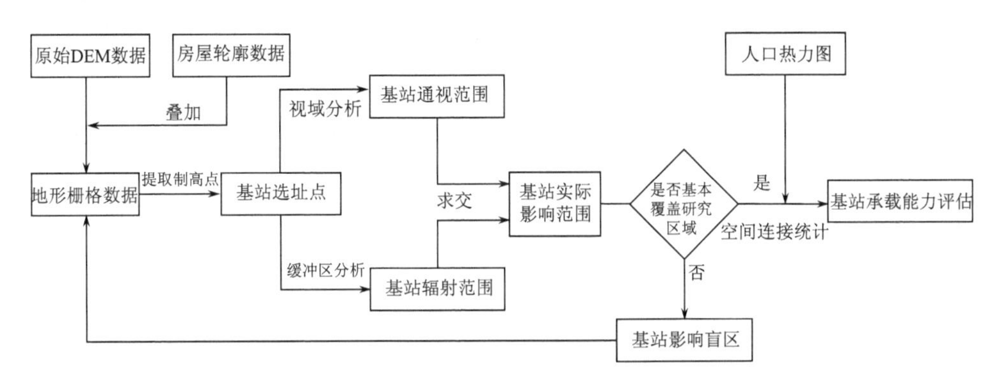

图 5-5 实验流程

5.5 实 验 步 骤

5.5.1 软件工具

本实验基于 ArcGIS Pro 进行，主要使用的工具为缓冲区工具、视域 2 工具、模型构建工具和空间连接工具。

1. 视域 2

通过对多个观察点进行通视分析，计算基于一定观察点高度的观察点视域，以判断地图上基站的视野良好区域及视野盲区。

2. 缓冲区

通过建立缓冲区内特定点的作用范围，对 5G 基站信号的最大影响范围进行模拟。

3. 模型构建工具

对单个基站的实际影响范围计算过程构建模型，使需要重复计算的研究区域基站总影响范围可以由 ArcGIS 自动完成，大大减少操作量。

4. 空间连接

对落入其区域内的栅格数据进行统计，获取其具体数值，以进行基于不同区块的统计。

5.5.2　研究区域 DEM 影像预处理

将下载的 DEM 数据按研究区域进行提取，并通过房屋轮廓矢量数据计算楼高，将其累加在 DEM 数据上，得到选址分析使用的地形栅格数据。

1. 研究区域 DEM 数据的提取

下载得到的 DEM 数据为大尺度范围的 DEM 数据，需要按研究区域范围进行提取。使用【空间分析工具】→【提取】→【按掩膜提取】工具，从该大尺度 DEM 数据中用研究区域的矢量面要素提取，得到研究区小尺度 DEM 数据。

2. 房屋高度的栅格化

房屋高度需作为字段值转为栅格，才能反映研究区域的真实地形。为房屋轮廓矢量数据添加一个表示高度的短整型字段 height，假设每层楼高为 3m，利用房屋楼层数字段计算每栋房屋的高度。右键点击该字段，使用【计算字段】功能（图 5-6），用公式 height=3*!Floor!对楼高字段赋值，得到每栋房屋的高度。

使用【转换工具】→【转为栅格】→【面转栅格】工具（图 5-7），将房屋轮廓数据以 height 为值字段转为楼高栅格数据。

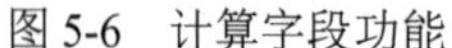
图 5-6　计算字段功能

图 5-7　面转栅格工具

3. 带有房屋高度的地形栅格数据的生成

研究区域真实地形即为原始 DEM 高程数据上再叠加房屋高度数据的栅格数据。使用【数据管理工具】→【栅格】→【栅格数据集】→【镶嵌】工具（图 5-8），设定镶嵌运算符为“总和”，将楼高栅格数据累加到研究区域 DEM 数据上，得到镶嵌有楼高数据的地形栅格数据（图 5-9 和图 5-10）。

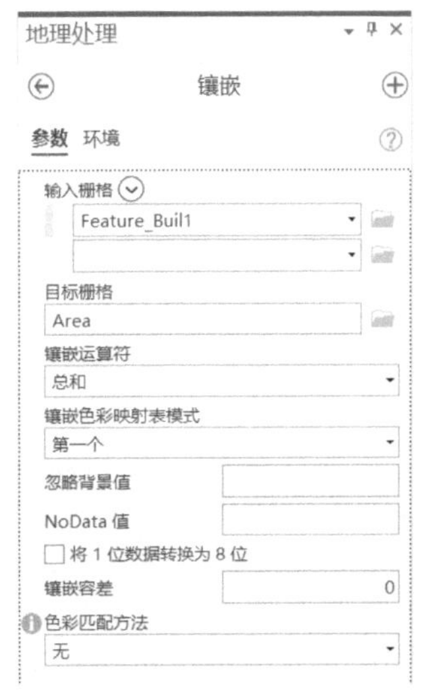

图 5-8　镶嵌工具

5.5.3　基于地形栅格数据的5G基站候选点选取

使用邻域分析块统计工具获取研究区域地形栅格数据制高点（半径 250m 内），作为 5G 基站选址的备选区域，并在制高点基于一定基站高度进行通视分析，得到基站通视覆盖范围。

图 5-9　镶嵌完成的地形栅格数据

1. 制高点的提取

选址时应使基站具有良好的视野，因此为了将基站建在研究区域的相对高点上，需要进行制高点的提取。

图 5-10　可视化的地形栅格数据（垂直夸大 2 倍）

制高点的计算需要筛选出计算窗口内海拔最高的点。密集市区的基站分布应尽量间隔在 250m 之内，故邻域窗口选为半径 250m 的圆形。使用【空间分析工具】→【邻域分析】→【块统计】工具（图 5-11），输入研究区域影像 Area.tif，使用半径为 250m 的圆形邻域窗口，计算栅格影像上邻域中的最大值，得到经最大值滤波处理的栅格影像 BlockSt_Area.tif。

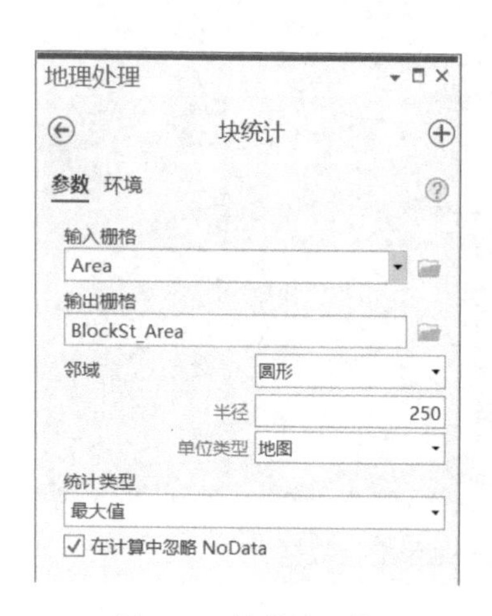

图 5-11　块统计工具

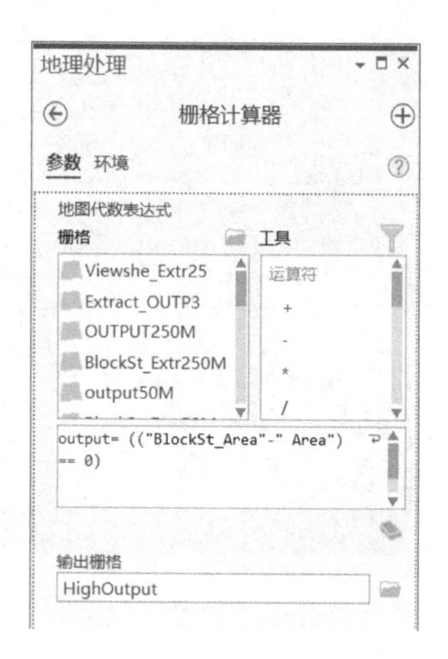

图 5-12　栅格计算器工具

邻域分析最大值滤波处理后，非最高点的栅格像元值将被增大，不受增大影响的就是地图上的制高点像元，可以使用栅格计算器将这部分点提取出来。使用【空间分析工具】→【地图代数工具】→【栅格计算器】工具（图 5-12），在表达式窗口中输入 output=(("BlockSt_Area"-" Area")== 0)，此式可将满足“块统计前后高程值不变”（即两像元值相减等于 0）这一逻辑的像元提取出来，得到区域制高点栅格数据 HighOutput.tif。

使用通视分析计算选址备用点视域需要点要素数据作为观察点，而不是栅格数据。在属性表中选中值不为零的点，使用【转换工具】→【由栅格转出】→【栅格转点】工具，将 HighOutput.tif 转换为点要素图层 Point.shp（图 5-13），以便作为观察点进行通视分析。

提取出的点存在大量的冗余（图 5-14），在实际的选址中，不会因为计算结果就在同一个山头架设多个基站，而是在这些选址点中选择一个点位架设多台设备，如果不能满足负载要求再进行增设。因此可对选址点进行一定程度的合并简化。使用【数据管理工具】→【要素类】→【整合】工具（图 5-15），将容差在 50m 内的点调整为同一位置（图 5-16）。【整合】会直接对数据进行编辑，因此需要将选址点复制一份后再进行操作。

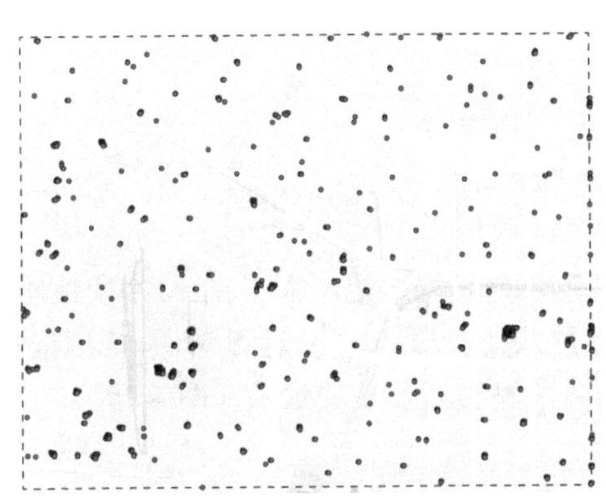

图 5-13　提取后的 5G 基站选址观察点

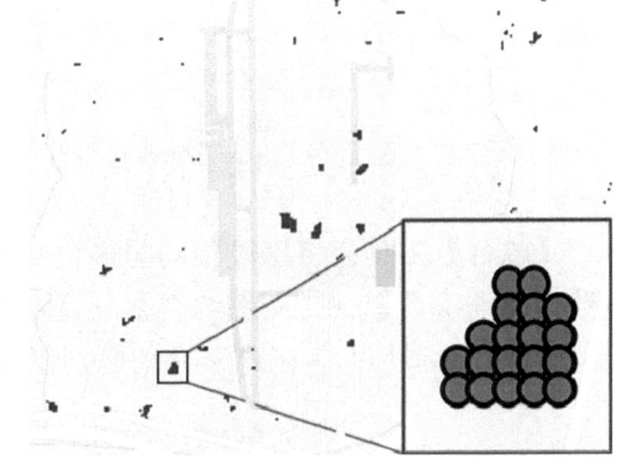

图 5-14　需整合的较冗余选址观察点

图 5-15　整合工具

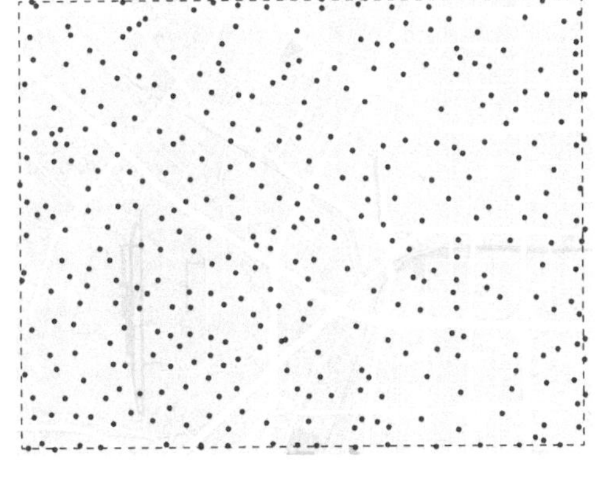

图 5-16　经简化后的基站选址观察点

简化后的基站选址点实际上是多点堆叠在一起的，需要经过融合转化为单点。为选址点添加 pointID 字段，使 ID 等于 ObjectID，以便后期统计，并添加双精度字段 x 字段和 y 字段，使用【数据管理工具】→【要素】→【计算几何属性】工具（图 5-17）计算每个点的 x，y 坐标。

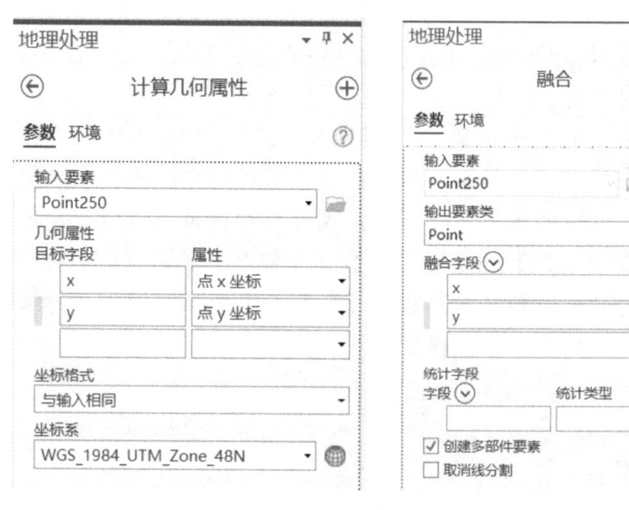

图 5-17　计算几何属性工具　　　图 5-18　融合工具

【融合】工具会将字段相同的多个要素融合为同一要素。根据 x，y 字段使用【数据管理工具】→【制图综合】→【融合】工具（图 5-18）进行融合，得到融合后的基站选址点，与图 5-16 的区别仅为属性表中点要素的数量（图 5-19）。

字段: 添加 计算　选择: 缩放至 切换 清除

OBJECTID	Shape	x	y
1	点 Z 值	404008	3388723
2	点 Z 值	404018.9375	3386835.5
3	点 Z 值	404026.75	3387804.25
4	点 Z 值	404031.75	3387254.25
5	点 Z 值	404074.25	3389306.75
6	点 Z 值	404093.416667	3389745.916667
7	点 Z 值	404099.477273	3384817.886364
8	点 Z 值	404126.75	3388110.5
9	点 Z 值	404214.25	3384237.0625
10	点 Z 值	404315.720588	3385343.955882
11	点 Z 值	404354.875	3388104.25
12	点 Z 值	404376.75	3385766.75
13	点 Z 值	404399.666667	3385168.833333

图 5-19　融合后的制高点数据属性表

2. 基站信号覆盖范围计算

通过进行视域计算和缓冲区计算来确定每个基站选址点的信号覆盖范围，以确定研究区域总体的基站信号覆盖范围。

1）基站信号覆盖范围确定方法

基站的实际覆盖范围由基站的视域范围和基站信号最大传播范围求交集得到（图 5-20）。要计算整个区域的基站覆盖范围，首先要计算单个基站的覆盖范围。

使用【3D 分析工具】→【可见性】→【视域 2】工具（图 5-21）可对单个观察点进行视域计算，从而模拟基站信号传播路径是否存在盲区。与【视域】工具相比，【视域 2】工具可将观察点位置的观察点额外高程纳入计算，在使用计算基站等有固定高度的观察点时较为有用。本实验设置基站架设高度一律为 25m，将观察点的表面偏移设置为 25m，输出结果栅格 Point_Viewshe（图 5-22）。

基站的理论作用范围是一个半球体，但由于 5G 信号绕开障碍物的能力较差，障碍物后方的信号传播能力较弱，本实验将基站的实际影响范围设置为排除掉基站视野盲区后、以选址点为中心、5G 基站辐射范围（250m 为半径）的缓冲区内。计算基站实际影响范围，即计算这个缓冲区与视域栅格的交集。使用【转换工具】→【由栅格转出】→【栅格转面】工具，将其转化为方便裁剪的面要素。

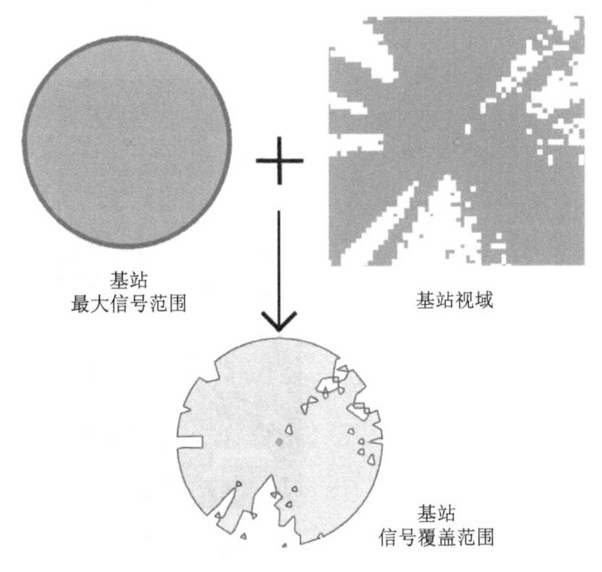

图 5-20　基站信号覆盖范围的计算原理

图 5-21　视域 2 工具

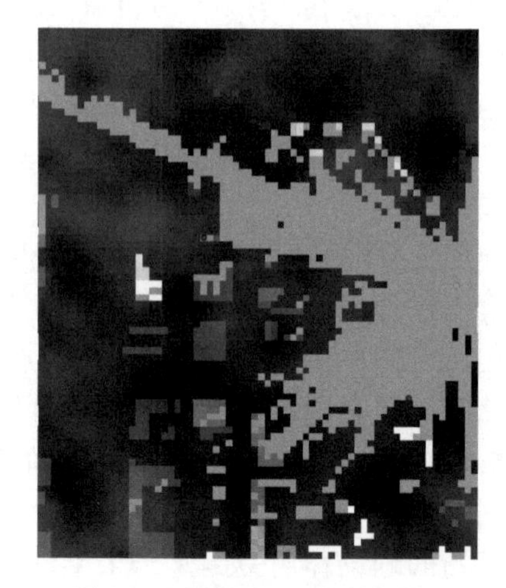

图 5-22　某点的视域计算结果

使用【分析工具】→【邻近分析】→【缓冲区】工具（图 5-23），计算以选址点为中心，半径 250m 范围的缓冲区（图 5-24），用点生成的缓冲区具有 pointID 字段，将用于之后的空间连接统计。

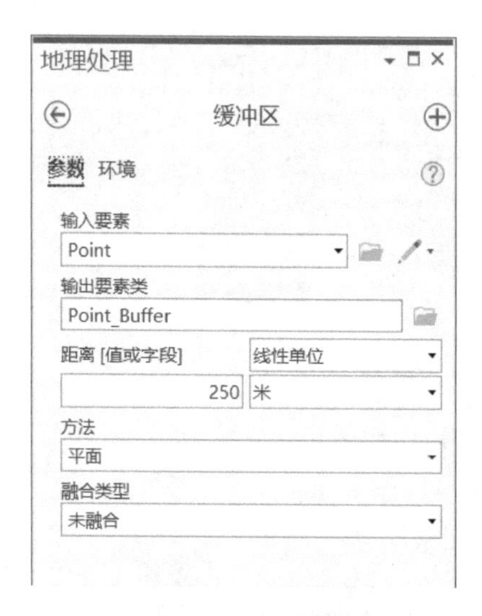

图 5-23　缓冲区工具

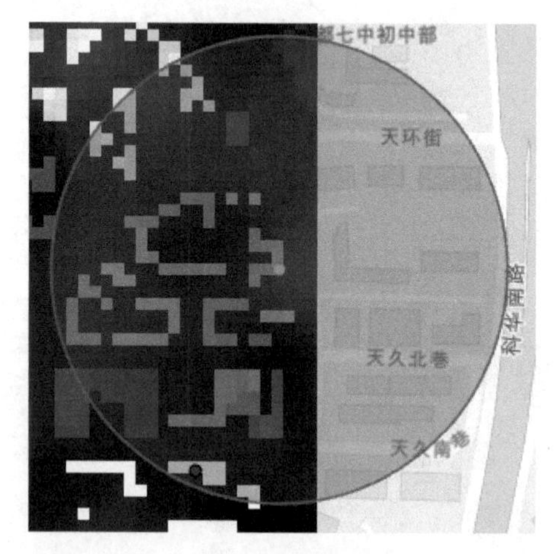

图 5-24　生成的单个基站辐射缓冲区

使用【分析工具】→【提取分析】→【裁剪】工具（图 5-25），用栅格转面裁剪缓冲区面，将选址点的视域实际范围用缓冲区要素提取出来（图 5-26）。

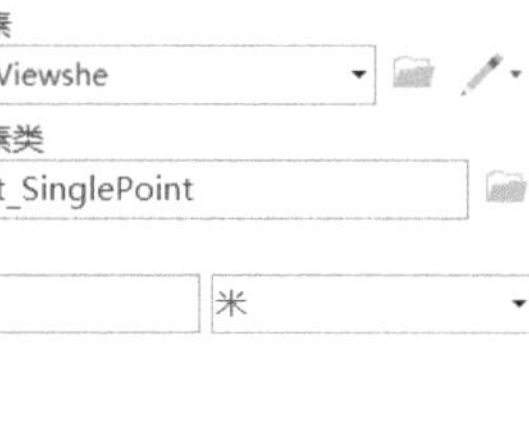

图 5-25　裁剪工具

图 5-26　提取出的单个基站点覆盖范围

2）*研究区域基站选址点覆盖范围计算*

在求得单个基站的实际覆盖范围后，将研究区域全部基站的实际覆盖范围求并集，才能得到该区域基站信号总体的实际覆盖范围。因为基站选址点数量较多，难以手动一一计算，所以需要创建模型，使用迭代器对点要素集进行迭代选择，按顺序单个运算。

模型工具是将一系列地理处理工具串联在一起的工作流。它将其中一个工具的输出作为另一个工具的输入，因此可以按人为的逻辑进行数据的批量处理，对操作进行简化。迭代器是模型构建器中一个能对要素进行迭代的选择，进而依次对单个要素进行运算的工具。本实验通过迭代器计算单个基站实际覆盖范围，最后将结果合并为研究区域所有基站信号的实际覆盖范围。

使用【分析】→【模型构建器】构建模型，新建一个模型用来进行批量处理。选择【迭代器】中的【迭代要素选择】（图 5-27），将要使用的选址点集从目录窗格或图层窗格中拖入模型，作为选择的对象。对迭代选择中的单个点，进行单点影响范围计算的模型构建。

将【视域 2】【缓冲区】等工具从地理处理窗格中的相应位置拖到模型窗口中，在迭代单点要素及 DEM 栅格数据上画线，使其连接到相应工具。

创建一个工作空间变量（图 5-28），将其地址设置为一个新建的文件地理数据库的位置，以便将该模型计算的大量输出结果与常用的工作目录隔离。

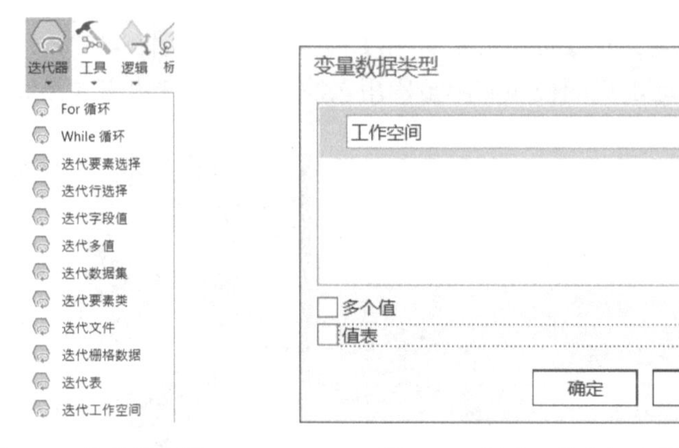

图 5-27　迭代器工具　　　图 5-28　创建工作空间变量

双击可对模型中各个工具的参数及中间要素的输出位置进行修改。将创建的工作空间要素重命名为“工作空间”，将中间要素的输出位置改为%工作空间%/（文件名）的格式，即可将其输出到新的工作空间。

点集中单个点要素运算结果的输出需要使用点 ID 进行区分，以便将迭代要素选择的“值”改为“ID”，将输出结果的路径改为%工作空间%/Point%ID%，即可在工作空间按顺序输出含有编号的单个点影响区域的面要素，得到如图 5-29 所示模型。

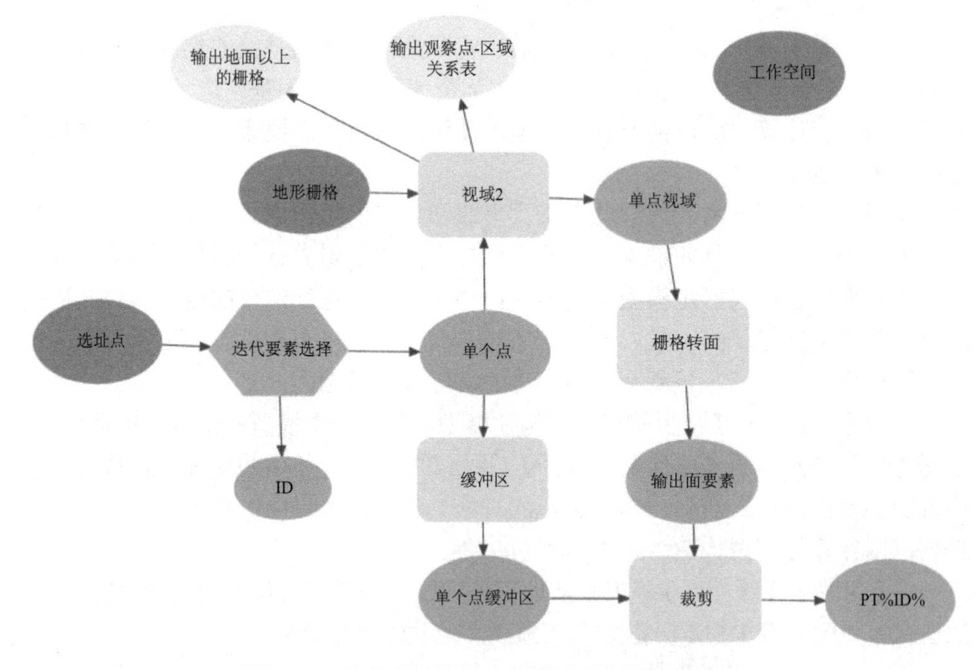

图 5-29　迭代基站选址点信号覆盖范围计算模型

检查模型并修改其中可能有的错误。每次修改或运行报错后，需要重新点击验证才能按照修改后的新模型运行。检查无误后，点击运行即可获得点集内各点的影响范围。

在实际计算中，可能会在【视域 2】步骤中出现单个点因为距栅格边缘过近而无法找到目标栅格的错误，导致后续计算无法进行。此时，应酌情编辑错误点的位置，将其调整到原点附近距栅格边缘较远、高程相似的位置上，之后重新进行计算。

使用【数据管理工具】→【常规】→【合并】工具（图 5-30），将这些点生成的面要素进行合并，以确定当前选择的所有基站选址点的实际覆盖范围（图 5-31）。

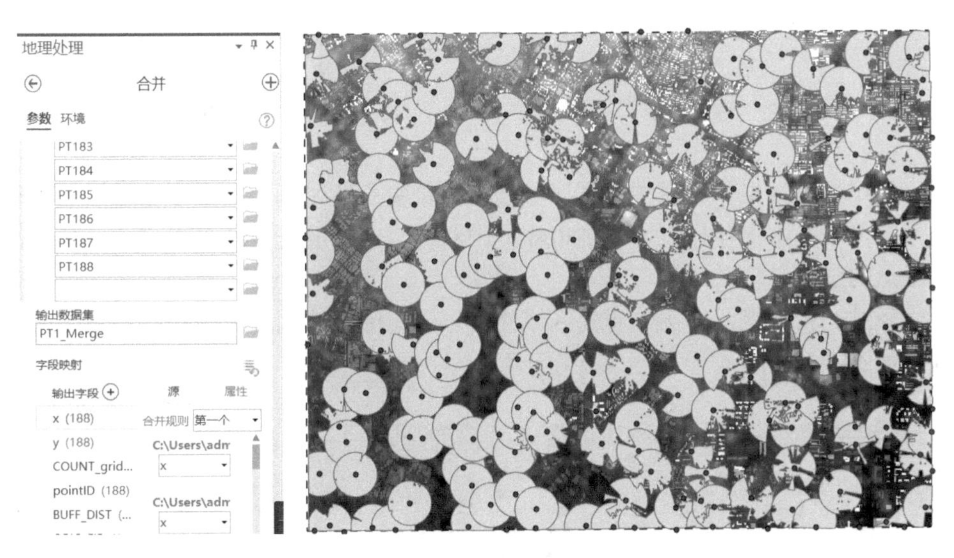

图 5-30　合并工具　　　　图 5-31　第一轮基站选址点覆盖范围

可以看到，当前的基站选址点的实际影响范围还存在着大量的盲区，需要对盲区进行新一轮选点，以提高基站覆盖度。

3. 基站覆盖盲区的补充选址

为对基站未影响盲区进行覆盖，需要得到覆盖盲区的栅格数据，并以此重复制高点的选取及新点视域的计算。

提取盲区栅格数据首先要获取盲区的矢量范围。使用【分析工具】→【叠加】→【擦除】工具（图 5-32），从研究区域范围内擦去前一轮选址点的总影响范围，得到盲区的范围面数据（图 5-33）。

使用【按掩膜提取】工具，从原有栅格上将盲区区域的栅格（图 5-34）提取出来。

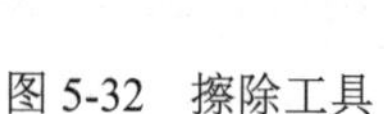

图 5-32　擦除工具

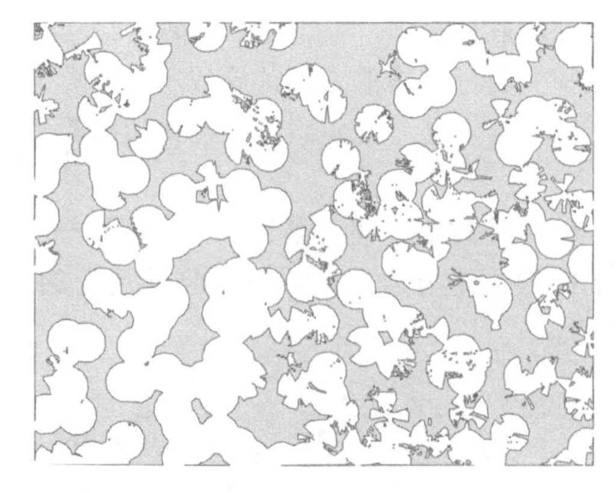

图 5-33　第一轮基站选址点覆盖范围盲区

使用提取结果作为新的研究区域栅格，重复上述过程，直至多轮选点的总影响范围可以基本覆盖研究区域（80%以上区域），之后的选点可根据需要单独进行单个点的选取。

经过一轮补点，本实验研究区域的信号覆盖区域达到了 80%以上，最终的选址点如图 5-35 所示。

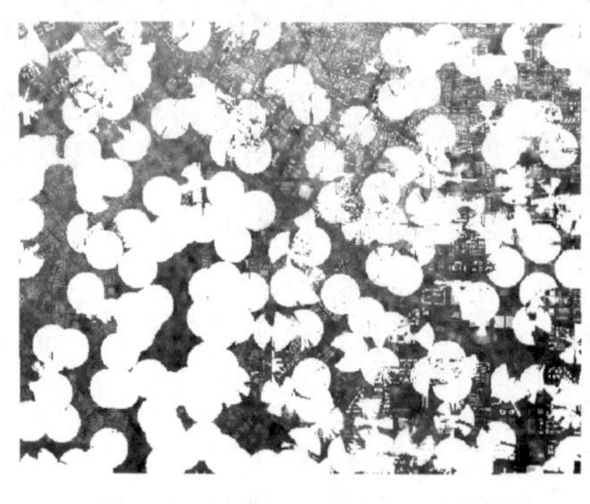

图 5-34　第二轮基站选址点的范围栅格

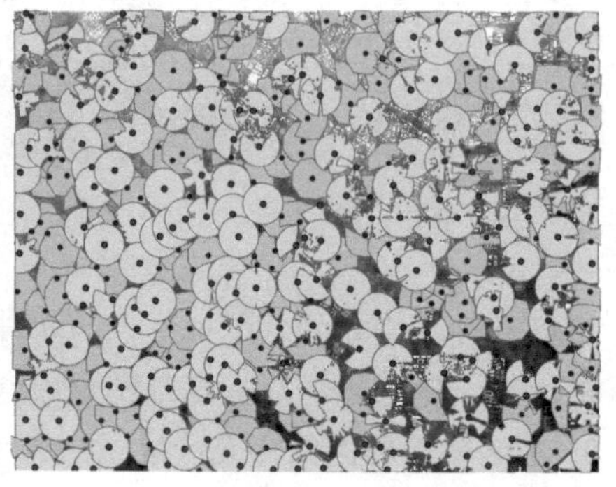

图 5-35*　基站选址点最终覆盖范围
（紫色为第一轮选点，红色为第二轮）

5.5.4　基于百度人口热力图的 5G 基站负载能力评估

选择基站建设点后，应基于热力图，对基站实际覆盖范围内的人口分布情况进行统计，以其作为指标对该地 5G 基站负载需求进行评估，为日后实地建设中基于基站负载需求和设备负载上限进行设备架设、成本评估提供参考。

1. 热力图的值映射与配准

加工后的热力图为 png 格式，在 ArcGIS 中打开为无投影坐标系的多波段栅格影像，需要把多波段栅格值映射为单波段的人口密度值，并对其进行配准，才能进行统计计算。

1）热力图的值映射

多波段热力图无法根据像元值反推出该地区实际人口数，必须将各色彩级别区域分类，对照百度提供的热力图与颜色对应图例（表 5-1），对单个像元颜色所代表的值进行计算，赋予相应的人口密度值。

表 5-1　百度提供的热力图与颜色对应图例

热力图拥挤度图例	对应颜色	描述	人口密度/（人/m²）
		非常拥挤	大于 60
		拥挤	40～60
		一般	20～40
		舒适	10～20
		非常舒适	少于 10

计算像元赋予的人口值的公式为

$$D_i = \frac{S_e}{S} \times P_i \tag{5-1}$$

其中，D_i 为每个像元所赋予的人口值，单位为人；S_e 为热力图栅格影像像元大小，单位为 m^2；在本实验中为 $2.81266m^2$；S 为固定面积 $100m^2$；P_i 为该像元对应分类的人口数。

使用【空间分析工具】→【多元分析】→【Iso 聚类非监督分类】工具（图 5-36），将热力图分为 7 类（图 5-37），分别对应官方密度图的 5 个级别及地图上实际出现的零星分布区和几乎无人区，可知该分类可较好地还原热力图的实际分类分布。

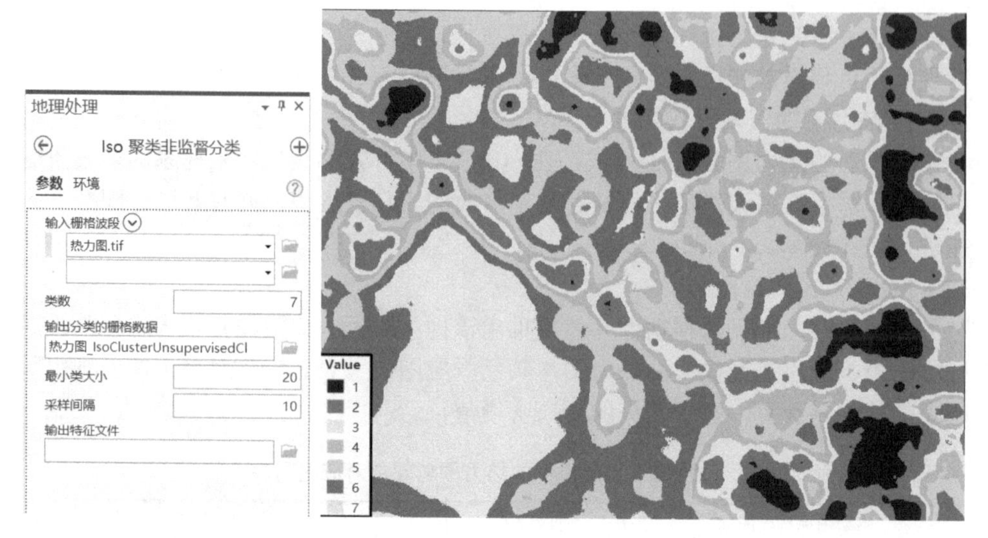

图 5-36　Iso 聚类非监督分类工具　　图 5-37* 经非监督分类的单波段热力图栅格影像

计算可得各分类像元人口值，如表 5-2 所示。

表 5-2　热力图栅格各类像元及对应人口赋值

原热力图颜色	分类	描述	赋值人口密度/（人/100m^2）	对应像元赋值/人
	1	非常拥挤	60	1.687597
	2	拥挤	40	1.125065
	3	一般	20	0.562532
	4	舒适	10	0.281266
	5	非常舒适	5	0.140633
	6	零星分布	1	0.028127
	7	几乎无人	0	0

2）热力图的配准与点赋值

将热力图图层导入地图，点击【影像】→【地理配准】（图 5-38）开始进行配准。为了便于配准，将研究区域的面图层设为透明面带边框样式，对照热力图、未处理的热力图与研究区域透明图层下的底图，分别在参考图层和配准图层的相同位置添加控制点，直至将热力图的范围调整至研究区域且形状基本正常为止（图 5-39）。

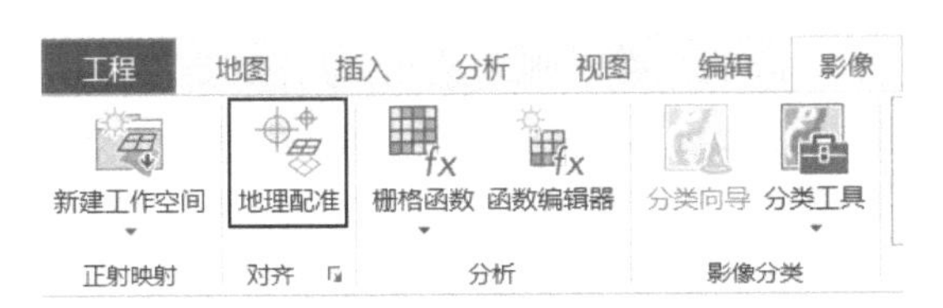

图 5-38　地理配准工具

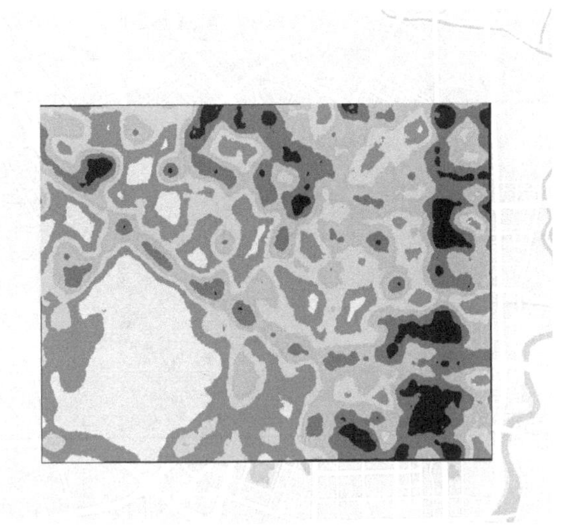

图 5-39　地理配准后的热力图栅格图层

后续进行空间连接时，无法使用栅格像元进行统计，必须将像元转为带有属性值的点。使用【栅格转点】工具，将分类栅格的像元转为点数据集，并将各个点的 grid_code 字段作为赋值字段，根据分类字段分别选中各分类类别的点，为赋值字段添加相应的值，得到可以用来统计的、带有人口密度属性值的点数据。

2. 基于人口数据的基站负载评估

为栅格转成的点赋值后，即可使用此前计算的单个选址点基站实际覆盖范围，统计落入该范围的点所代表的人数总和，以对基站的负载需求进行评估。使用【分析工具】→【叠加】→【空间连接】工具（图 5-40），将各轮选址点影响范围的面数据集和上文热力图使用【栅格转点】工具的结果进行空间连接，设置栅格点数据

图 5-40　使用空间连接工具对第一轮选点结果（FR_Merge）进行统计

的赋值字段 grid_code 字段的合并规则为总和，以计算每个基站的作用范围内的人口值总和（表 5-3）。由于像元赋值为浮点数，统计结果也是单位为人的浮点数，需后期进行四舍五入。

表 5-3　空间连接统计结果

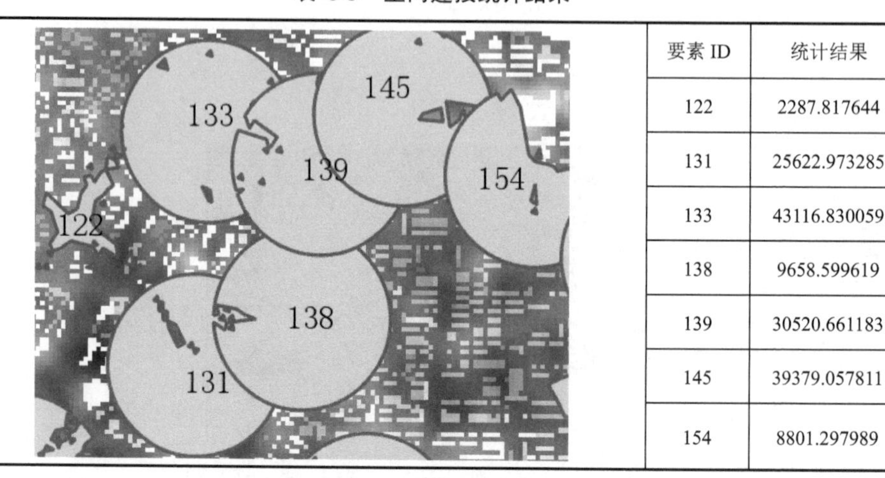

要素 ID	统计结果
122	2287.817644
131	25622.973285
133	43116.830059
138	9658.599619
139	30520.661183
145	39379.057811
154	8801.297989

图 5-41　使用连接工具将第二轮选址点（SR_point）与统计结果连接

分别计算多轮选址的点空间连接结果，并将其分别按 pointID 字段，使用【数据管理工具】→【连接和关联】→【添加连接】工具，连接到选址点数据（图 5-41），并将多轮选点结果合并，得到最终选址结果 AllPoint.shp。

使用【3D 分析工具】→【栅格插值】→【反距离权重法】工具（图 5-42）对选址点的负载需求进行插值，即可得到基站负载需求的插值结果。使用【空间分析工具】→【叠加】→【模糊隶属度】工具（图 5-43）对该插值结果进行基于线性函数的归一化，即可得到基站负载需求示意图（图 5-44）。

负载需求越高的地区，归一化结果越接近 1，越需要加装设施进行分流，并在后续的基站建设中进行重点建设。

图 5-42　反距离权重法工具

图 5-43　模糊隶属度工具

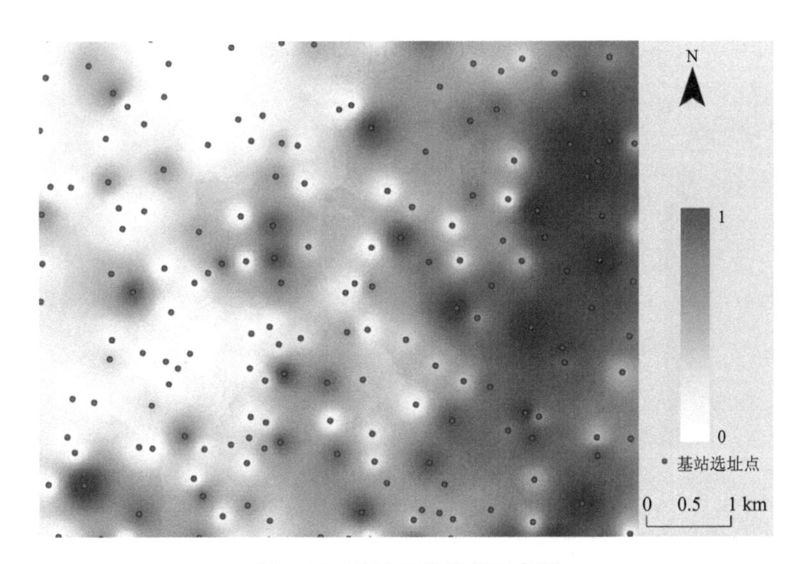

图 5-44　基站负载插值示意图

5.6 思考题

（1）为什么本实验的可视化地形栅格数据中，建筑物顶部为尖状？如何使其变为平缓的楼顶？

（2）本实验所进行的基站选址是在假定研究区域未建设过 5G 基站的情况下进行的，如果该区域已建设过部分基站，如何在其基础上增加选址？

第三篇　空 间 预 测

第 6 章　空 间 插 值

6.1　理 论 基 础

地理学第一定律指出不同事物之间是具有相关性的，距离较近的事物的相关性通常比距离较远的事物的相关性要大。基于此原理，空间插值方法常用于将离散点的测量数据转换为连续的数据曲面，以便于与其他空间现象的分布模式进行比较。空间插值方法分为两类：一类是确定性插值方法，另一类是地质统计学插值方法。确定性插值方法是基于信息点之间的相似程度或者整个曲面的光滑性来创建一个拟合曲面，如反距离权重（inverse distance weighting，IDW）法、趋势面法、样条函数法等；地质统计学插值方法是利用样本点的统计规律，使样本点之间的空间自相关性定量化，从而在待预测的点周围构建样本点的空间结构模型，如克里金（Kriging）插值法。确定性插值方法的特点是在样本点处的插值结果和原样本点实际值基本一致，若是利用地质统计学方法插值，在样本处的插值结果与样本实测值就不一定一致了，有的相差甚远。

6.1.1　理论概述

插值是由有限数量的采样点数据估计栅格中的单元的值。它可以用来估计任何地理数据点的未知值，如土壤含水量、高程、降水量、化学污染程度、噪声等级等。

插值基于空间分布的地物是空间相关的假设；换言之，距离近的地物具有相似的属性。例如，如果一条街的一侧正在下雨，用户可以预测街的另一侧下雨的可能性很高，但却很难确定是否整个小镇都下雨，也难确定相邻地区的天气情况如何。

连续数据的表面通常是由散布于整个研究区域的采样点的采样值生成的。例如，某一地区的无规则分布的气象观测站，利用它们的观测值可以创建温度或者气压的栅格表面，创建的表面是一个规则的网格。

6.1.2　基本原理

在研究区域内，测量某种现象每个点的高度、等级或集聚程度一般非常困难，同时也是很昂贵的。相反，研究者可以选择一些离散的样本点进行测量，这些点被称为采样点。采样点可以是随机的、分层的或者规则的格网点，包含高度、污染程度或者等级等信息。

点插值一个典型的例子是利用一组样本点来生成高程面，每个采样点的高程是已知的。使用这些采样点可以计算得到插值格网，即对实际高程面上任意点的估计值。

图 6-1 是一个利用离散点进行插值的例子。空间插值利用属性点在空间上的相关性求取预测点的预测值，且一般而言距离越近的点之间的相关性越大。

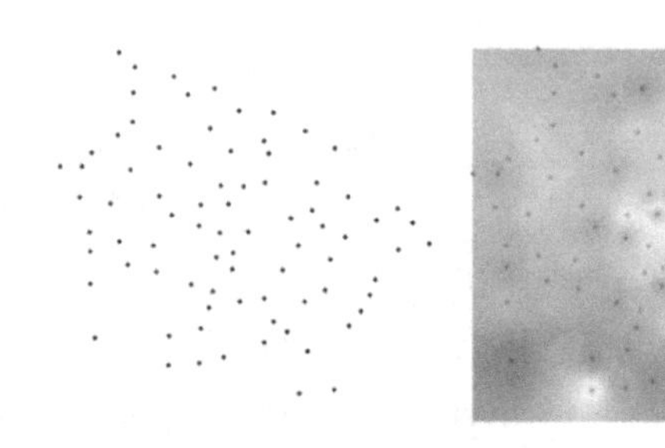

图 6-1　空间插值示意图

1. 反距离权重法

使用反距离权重法插值有一个假设前提：即彼此距离较近的事物要比彼此距离较远的事物更相似（可以理解为距离越近的事物计算权重越大）。当预测任何未测量的位置的某属性值时，反距离权重法会根据预测位置周围的测量值对其进行计算。与距离预测位置较远的测量值相比，距离预测位置越近的测量值对预测值的影响越大。在实际计算时，为了减少计算量，距离过远的地方可以被认为对预测值无影响，因此反距离权重法需要设定一个距离阈值，在计算预测值时只需要考虑距离阈值范围内的测量值即可（这个阈值被称为搜索邻域或搜索半径）。

一般而言，越靠近圆心的测量值对圆心的影响力（权重）越大，根据此原理可设计加权函数：

$$W_i = \frac{h_i^{-p}}{\sum_{j=1}^{n} h_j^{-p}} \tag{6-1}$$

其中，W_i 为第 i 个测量值的计算权重；p 为任意正实数，值得注意的是反距离权重法主要依赖于反距离的幂值 p，幂参数可基于距输出点的距离来控制已知点对内插值的影响。幂参数 p 的默认值为 2（一般 0.5 到 3 的值可获得最合理的结果）。通过定义更高的幂值，可进一步增大距离所产生的权重，此时，邻近数据将受到更大影响，插值表面会变得更加不平滑。与之相反，较小的幂值削弱了插值点对距离的敏感程度，结果是插值平面更加平滑。由于反距离权重公式与任何实际的物理过程都不关联，因此无法判断某个幂值是否过大，常规准则认为值为幂值30是超大幂，不建议使用。此外还要牢记一点，如果距离或幂值较大，则可能生成错误结果。在实际应用时 p 值通常设为2。

式（6-1）中，h 为插值点与采样点之间的距离，其计算公式为

$$h_i = \sqrt{\left(x - x_i\right)^2 + \left(y - y_i\right)^2} \tag{6-2}$$

到此我们已经可以计算出每一个采样点对插值点的影响权重，预测值的计算公式为

$$Z_{\text{predict}}\left(X_0, Y_0\right) = \sum_{i}^{n} W_i \times Z\left(X_i, Y_i\right) \tag{6-3}$$

反距离权重法的计算原理到此已全部阐述完。打开 ArcGIS Pro，反距离权重法的使用界面如图6-2所示，将其与上述原理相对照很容易就能明白其中参数的含义。

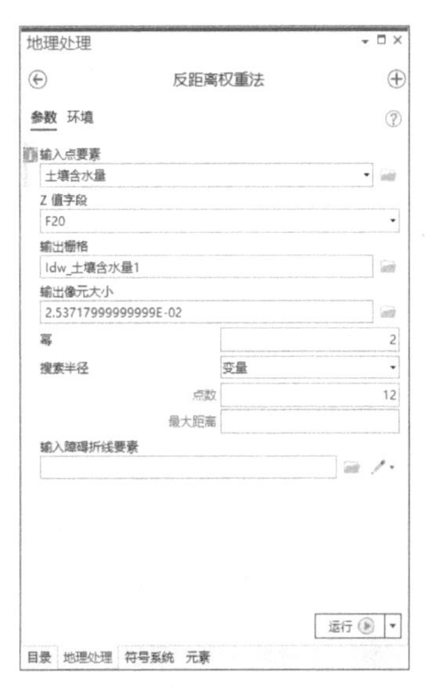

图6-2　反距离权重法工具界面

其中，幂即上文提到的 p 值，搜索半径是用于搜索采样点的距离阈值。界面中还有一个搜索半径选项，可选项有“变量”与“固定”两种。“变量”选项指的是使用可变的搜索半径来保证处于搜索半径内用于插值的测量点数是固定的。而“固定”选项指的是使用固定的搜索半径，并使用处于搜索半径内的所有测量点计算插值。

2. 样条函数法

在讲样条函数法之前先来谈谈什么是样条函数。根据维基百科的定义：在数学学科数值分析中，样条（spline）是一种特殊的函数，由多项式分段定义。样条的英语单词 spline 来源于可变形的样条工具，那是一种在造船和工程制图时用来画出光滑形状的工具，与此类似，样条插值则是使用可变样条来生成一条经过一系列点的光滑曲线的数学方法。插值样条是由一些多项式组成的，每一个多项式都是由相邻的两个数据点决定的，这样，任意的两个相邻的多项式以及它们的导数在连接点处都是连续的。

总而言之，样条函数使用分段插值来替代高阶的多项式插值法，避免了被称为龙格现象的数值不稳定出现。并且低阶的样条插值还具有“保凸”的重要性质。在数值分析领域中，龙格现象是在一组等间插值点上使用具有高次多项式的多项式插值时出现的区间边缘处的振荡问题。它是由卡尔·龙格（Carl Runge）在探索使用多项式插值逼近某些函数时的错误行为时发现的。这一发现非常重要，因

为它表明使用高次多项式插值并不总能提高准确性。该现象与傅里叶级数近似中的吉布斯现象相似。

ArcGIS Pro 有两种样条函数可供选择，即 Regularized（规则样条函数）方法与 Tension（张力样条函数法），本章列出二者的计算公式供读者学习。

ArcGIS Pro 中样条函数的计算公式为

$$S(x,y)=T(x,y)+\sum_{j}^{N}\lambda_j R(r_j) \tag{6-4}$$

其中，$j=1,2,\cdots,N$；N 为用于插值的点数；λ_j 为通过求解线性方程而获得的系数；r_j 为点（x,y）到地点 j 的距离。不同的样条函数插值方法，$T(x,y)$ 和 $R(r_j)$ 的表达式也有所不同。

（1）规则样条函数：

$$T(x,y)=a_1+a_2x+a_3y \tag{6-5}$$

其中，a_i 为通过求解线性方程组而获得的系数。$R(r)$ 的计算公式为

$$R(r)=\frac{1}{2\pi}\left\{\frac{r^2}{4}\left[\mathrm{In}\left(\frac{r}{2\tau}\right)+c-1\right]+\tau^2\left[K_0\left(\frac{r}{\tau}\right)+c+\mathrm{In}\left(\frac{r}{2\pi}\right)\right]\right\} \tag{6-6}$$

其中，r 为点与样本之间的距离；τ 为权重参数；K_0 为修正贝塞尔函数；c 为大小等于 0.577215 的常数。对于规则样条函数方法，权重参数定义曲率最小化表达式中表面的三阶导数的权重。权重越高，输出表面越平滑。该权重参数输入的值必须大于或等于零，可能会用到的典型值有 0、0.001、0.01、0.1 和 0.5。

（2）张力样条函数：

$$T(x,y)=a_1 \tag{6-7}$$

其中，a_1 为通过求解线性方程组而获得的系数。$R(r)$ 的计算公式为

$$R(r)=-\frac{1}{2\pi\varphi^2}\left[\mathrm{In}\left(\frac{r\varphi}{2}\right)+c+K_0(r\varphi)\right] \tag{6-8}$$

其中，r 为点与样本之间的距离；φ 为权重参数；K_0 为修正贝塞尔函数；c 为大小等于 0.577215 的常数。对于张力样条函数方法，权重参数定义张力的权重。权重越高，输出表面越粗糙。权重值必须大于或等于零，典型值有 0、1、5 和 10。

到此为止已经阐述了有关样条函数的所有计算原理，接下来就要在 ArcGIS Pro 中使用真实数据进行实验，值得注意的是，在 ArcGIS Pro 中，出于计算目的，输出栅格的整个空间被划分为大小相等的块或区域。x 方向和 y 方向上的区域数相等，并且这些区域均为矩形。将输入点数据集中的总点数除以指定的点数值可以确定区域数。如果数据的分布不太均匀，则这些区域包含的点数可能会明显不

同，而点数值只是粗略的平均值。如果任何一个区域中的点数小于 8，则该区域将会扩大到至少包含 8 个点。

ArcGIS Pro 中样条函数插值操作界面如图 6-3 所示，其中，Regularized 和 Tension 即本节提到的规则样条函数和张力样条函数，权重选项是式（6-5）和式（6-8）中提到的权重参数。

图 6-3 样条函数法工具界面

3. 克里金法

克里金法是通过一组具有属性值的分散点生成估计表面的高级地统计过程。与插值工具集中的其他插值方法不同，选择用于生成输出表面的最佳估算方法之前，要使用克里金法工具对属性值表示现象的空间行为进行研究。

反距离权重法和样条函数法插值工具被称为确定性插值方法，这些方法根据周围测量值和用于确定所生成表面平滑度的指定数学公式将值指定到相应位置。不确定插值由地统计方法（如克里金法）组成，该方法基于包含自相关（即测量点之间的统计关系）的统计模型。因此，地统计方法不仅具有产生预测表面的功能，而且能够对预测的确定性或准确性提供某种度量。

克里金法假定采样点之间的距离或方向可以反映表面变化的空间相关性。克里金法工具可将数学函数使用指定数量的点或指定半径内的所有点进行拟合，以此确定每个位置的输出值。克里金法是一个多步过程；它包括数据的探索性统计分析、变异函数建模和创建表面，还包括研究方差表面。当了解数据中存在空间相关距离或方向偏差后，便会认为克里金法是这几个方法中最合适的方法。克里金法通常应用于土壤科学和地质学中。

因为克里金法可对周围的测量值进行加权以得出未测量位置的预测，所以它与反距离权重法类似。这两种插值器的求值公式均为数据的加权总和，如式（6-9）所示：

$$Z(s_0)=\sum_{i=1}^{N}\lambda_i Z(s_i) \tag{6-9}$$

其中，$Z(s_i)$为第 i 个位置处的测量值；λ_i 为第 i 个位置处的测量值的未知权重；s_i 为预测位置；N 为测量值数。

在反距离权重法中，权重 λ_i 仅取决于预测位置的距离。但在使用克里金方法时，这个权重不仅取决于测量点之间的距离、预测位置，还取决于基于测量点的整体空间排列。即权重 λ_i 取决于测量点、预测位置的距离和预测位置周围的测量值之间空间关系的拟合模型。以下将讨论如何使用常用的克里金法公式创建预测表面。

要使用克里金法进行预测，有两个任务是必需的：①找到依存规则。②进行预测。

要实现这两个任务，克里金法需要经历一个两步过程：①创建变异函数和协方差函数以估算自相关模型。②预测未知值（进行预测）。

因为这两个任务是不同的，所以可以确定克里金法使用了两次数据：第一次是估算数据的空间自相关，第二次是进行预测。

拟合模型或空间建模也称为结构分析或变异分析，通过式（6-10）计算配对位置的半变异方差值：

$$\text{Semivariogram}\left(\text{distance}h\right)=0.5\times\text{average}\left[\left(\text{value}_i-\text{value}_j\right)^2\right] \tag{6-10}$$

通常，各位置对应的距离都是唯一的，并且存在许多点对，很难快速绘制所有配对。因此实际使用时并不绘制每个配对，而是将配对分组为各个步长条柱单元。例如，计算距离大于 40 m 但小于 50 m 的所有点对的平均半方差。

下一步是根据组成经验半变异函数的点拟合模型。半变异函数建模是空间描述和空间预测之间的关键步骤。克里金法的主要应用是预测未采样位置处的属性值。经验半变异函数可提供有关数据集的空间自相关的信息。但是，不提供所有可能的方向和距离的信息。因此，为确保克里金法预测的克里金法方差为正值，根据经验半变异函数拟合模型（即连续函数或曲线）是很有必要的。该操作理论上类似于回归分析，在此回归分析中将根据数据点拟合连续线或曲线。

克里金法工具提供了以下函数，可以从中选择用于经验半变异函数建模的函数：三角函数、球面函数、指数、高斯（Gauss）函数、线性。选择不同的建模函数最终会得到预测值，这些函数接近原点的曲线部分尤为不同，接近原点处的曲线越陡，最接近的相邻元素对预测的影响就越大，这样的建模函数输出的插值曲面将更不平滑。每个函数可以用于更准确地拟合不同种类的现象。

查看半变异函数的模型时，我们注意到模型会在特定距离处呈现水平状态。模型首次呈现水平状态的距离称为变程。比该变程近的距离分隔的样本位置与空间自相关，而距离远于该变程的样本位置不与空间自相关。半变异函数模型在变程处所获得的值称为基台。偏基台等于基台减去块金，块金会在以下部分进行描述。

块金值：从理论上讲，在零间距处，半变异函数值是 0。但是在无限小的间距处，半变异函数通常显示块金效应，即半变异函数值大于 0。我们把半变异函数在 y 轴上的截取值称为块金值。块金效应可以归因于测量误差或小于采样间隔距离处的空间变化源，因为测量设备中存在固有误差，所以会出现测量误差。小于样本距离的微刻度变化将表现为块金效应的一部分。收集数据之前，能够理解所关注的空间变化比例非常重要。

找出数据中的相关性或自相关性并完成首次数据应用后，就可以使用拟合的模型进行预测。与反距离权重法插值类似，克里金法通过周围的测量值生成权重来预测未测量位置，且插值点受距离最近的测量值影响最大。但克里金法所使用的邻近的测量点权重比反距离权重法更复杂一些。反距离权重法使用基于距离的简单算法，但是克里金法的权重取自通过拟合数据的空间特性而得到的半变异函数。要创建某现象的连续表面会使用到空间中的每个位置或单元中心的空间排列。最后在这里介绍最常用的两种克里金方法：普通克里金法和泛克里金法。

（1）普通克里金法是最广泛使用的克里金法，是系统默认方法，如果不能拿出科学根据进行反驳，这就是一个合理假设。

图 6-4　克里金法工具界面

（2）泛克里金法则应该仅在对数据中存在的趋势有所了解，并能够提供科学判断描述泛克里金法时才可使用。

ArcGIS Pro 中的克里金插值方法操作界面如图 6-4 所示。

6.2　实 验 目 的

（1）理解空间插值的基本原理、方法和应用场景。

（2）熟悉 ArcGIS Pro 的空间插值工具的基本使用方法。

（3）利用黄土高原土壤含水量数据，使用三种不同空间插值工具计算输出黄土高原土壤含水量的插值曲面，并分析黄土高原的土壤含水量空间分布特点。

6.3　实验场景与数据

6.3.1　实验场景

本次实验利用土壤含水量的点数据输出整个黄土高原的插值曲面，这对分析黄土高原的水土保持水平有着重要的意义。本实验将会使用 6.1 节提到的三种空间插值方法（反距离权重法、样条函数法、克里金法）来输出插值曲面，读者会在这个过程中逐渐熟悉不同空间插值方法的基本原理和操作流程，并尝试回答最后的思考题。

6.3.2　实验数据

实验数据：黄土高原矢量边界图（黄土高原.shp），土壤含水量表格（土壤含水量.xlsx）。

土壤含水量表中数据说明：经度、纬度、不同深度的土壤含水量。

6.4　实验内容与流程

本实验内容主要包括以下三个部分，其技术路线图如图 6-5 所示：

（1）对数据进行预处理，将表格数据导入为矢量点数据，并导入黄土高原的矢量边界数据。

（2）使用三种不同的空间插值工具对点数据进行空间插值，并输出栅格结果。

（3）分析不同区域不同深度的土壤含水量的插值结果。

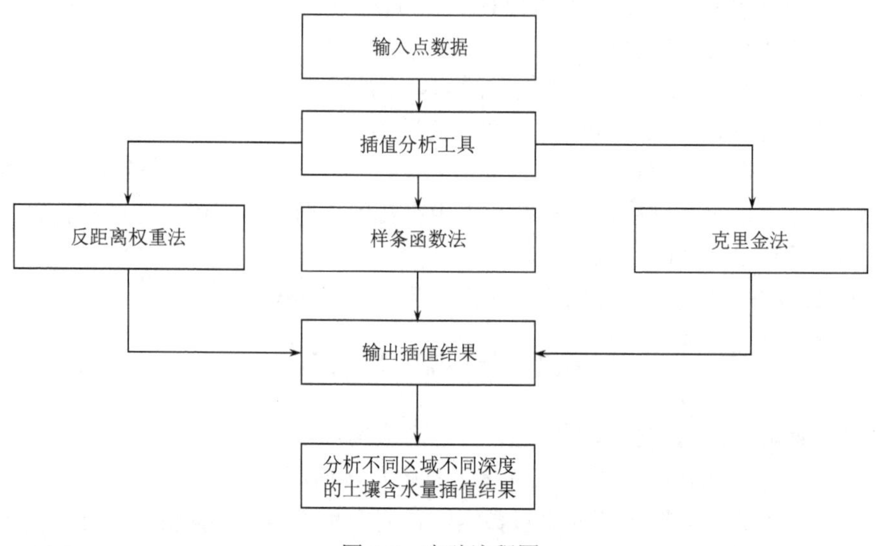

图 6-5　实验流程图

6.5　实 验 步 骤

6.5.1　软件工具

本实验均基于 ArcGIS Pro2.5 中文版进行操作，使用到的主要工具包括【Spatial Analyst】→【工具】→【插值】中的【反距离权重法】、【样条函数法】和【克里金法】。

6.5.2 数据预处理

本实验使用的实验数据包括土壤含水量数据和黄土高原矢量边界数据：首先在 ArcGIS Pro 中导入黄土高原的矢量边界数据；土壤含水量数据是 Excel 表格数据，需要将其转换为矢量点数据才可使用。操作步骤如下：点击如图 6-6（a）所示的【添加数据】，并选中土壤含水量 Excel 表格，点击确定。导入之后，在内容列表中右键点击导入的 Excel 表格，如图 6-6（b）所示，然后点击【显示 XY 数据】。

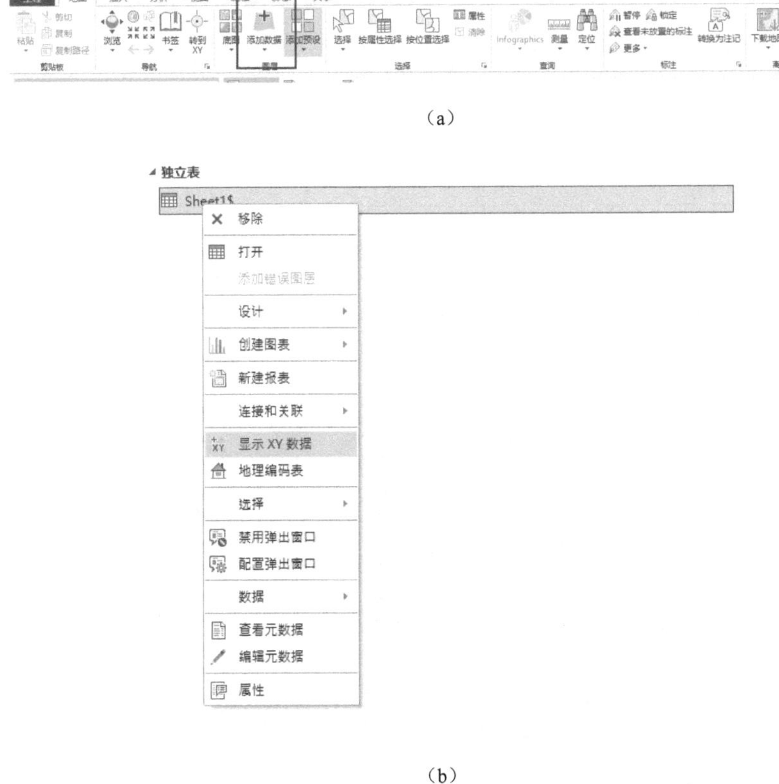

（a）

（b）

图 6-6 导入数据

点击后可以获得如图 6-7 所示的界面，选择 X 字段为经度，Y 字段为纬度，点击坐标系下拉列表框右边的 按钮，并在图 6-8 界面中搜索栏搜索空间参考坐标系 WGS 1984，点击【确定】。

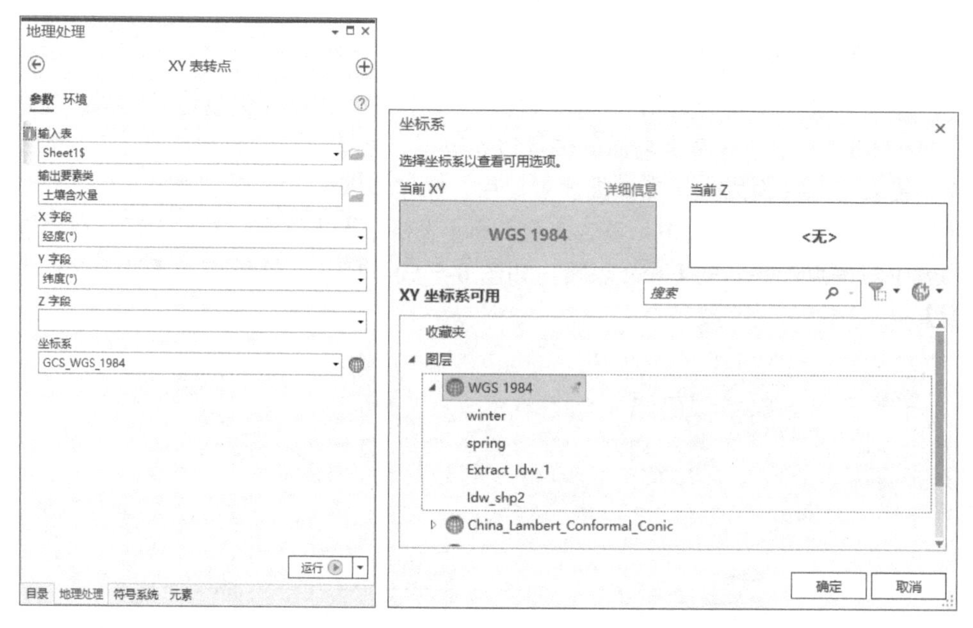

图 6-7　显示 XY 数据操作界面　　　　图 6-8　坐标系选择界面

成功导入土壤含水量点数据，图 6-9 是导入数据后的显示结果。

图 6-9　黄土高原矢量边界和土壤含水量测量点

之后需要将点数据导出为矢量数据。在内容列表右键点击土壤含水量点数据，如图 6-10 所示，然后点击【数据】→【导出要素】，得到如图 6-11 所示界面，点击【运行】，导出矢量点数据，然后将之前导入的表格数据和显示的点数据从图层中移除，只保留刚刚导出的这个矢量点数据。

图 6-10 内容列表界面

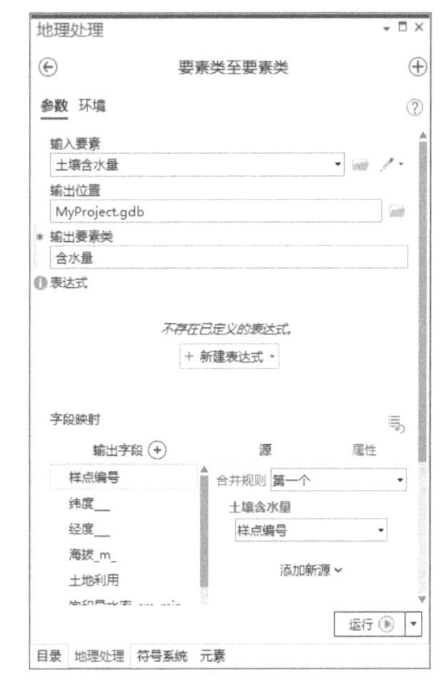

图 6-11 导出数据操作界面

6.5.3 空间插值

本实验可简单概括为：分别使用反距离权重法、样条函数法、克里金法对点数据进行插值。

1. 反距离权重法

在工具箱中点击【Spatial Analyst 工具】→【插值】→【反距离权重法】，如图 6-12 所示。

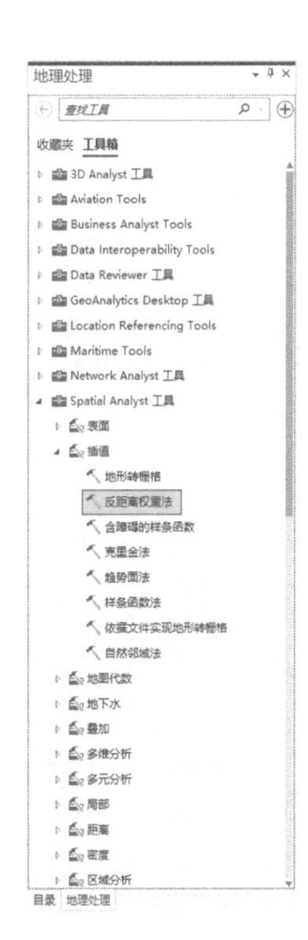

图 6-12 工具栏

打开界面如图 6-13（a）所示。在这里选择需要输入的点要素，即含水量数据，选择 Z 值字段为“F20”（20m 深度的土壤含水量），选择幂为“2”，搜索半径选择“变量”，输入点数为“12”， 最后选择输出路径和名称。在此之后还需设置环境参数，点击环境所得界面如图 6-13（b）所示，更改处理范围为与图层黄土高原相同，点击反距离权重界面的【运行】，即可输出插值结果。

之后还需右键点击插值结果图层（idw_含水量 1），点击【符号系统】，选择合适的色带，如图 6-14 所示。

此时可以观察到插值所得的栅格范围有部分在黄土高原边界范围之外，所以在之后还需要进行裁剪，仅保留边界范围内的插值结果。选择【Spatial Analyst 工具】→【提取】→【按掩膜提取】工具，所得界面如图 6-15 所示。选择插值结果为输入栅格，掩膜数据为黄土高原边界数据，点击【运行】，可得最终的插值结果如图 6-16 所示。

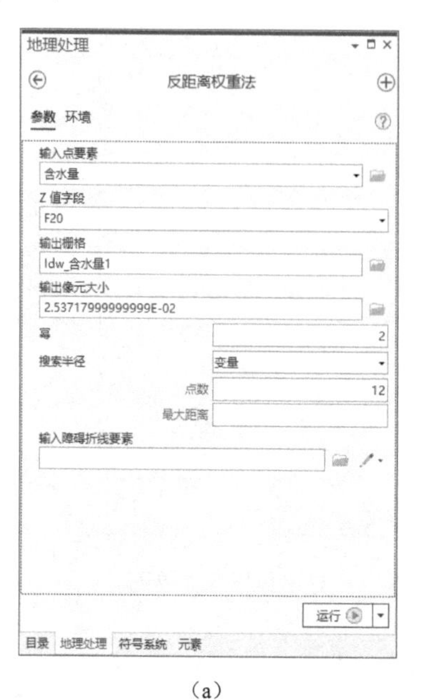

（a）

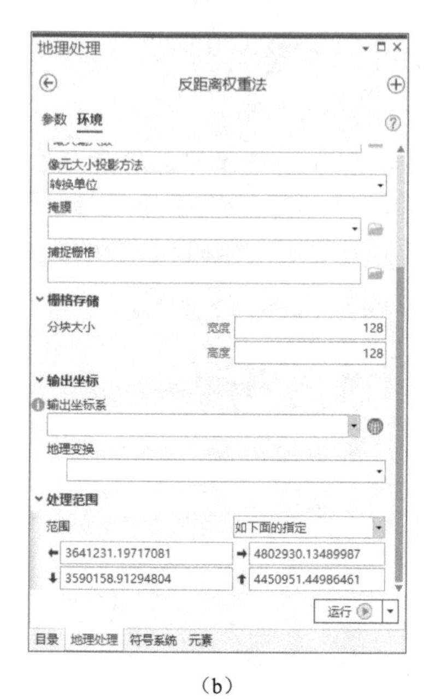

（b）

图 6-13　反距离权重法界面

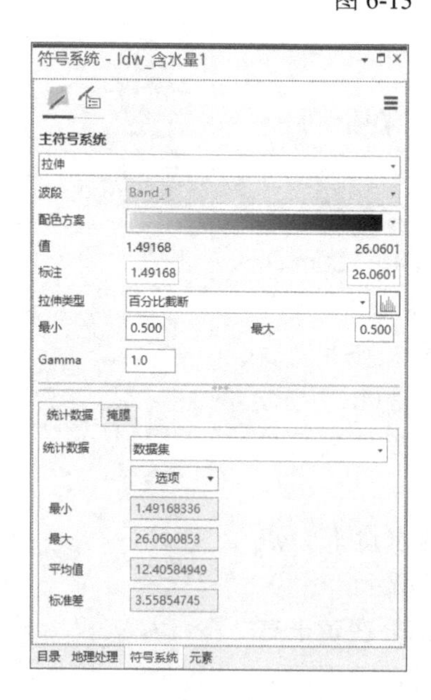

图 6-14　选择符号系统

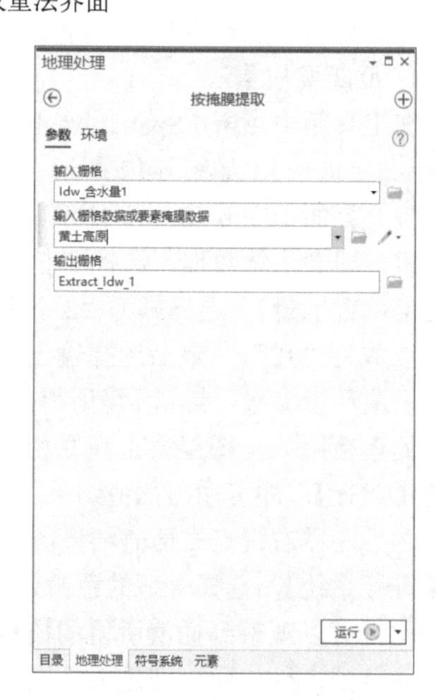

图 6-15　按掩膜提取界面

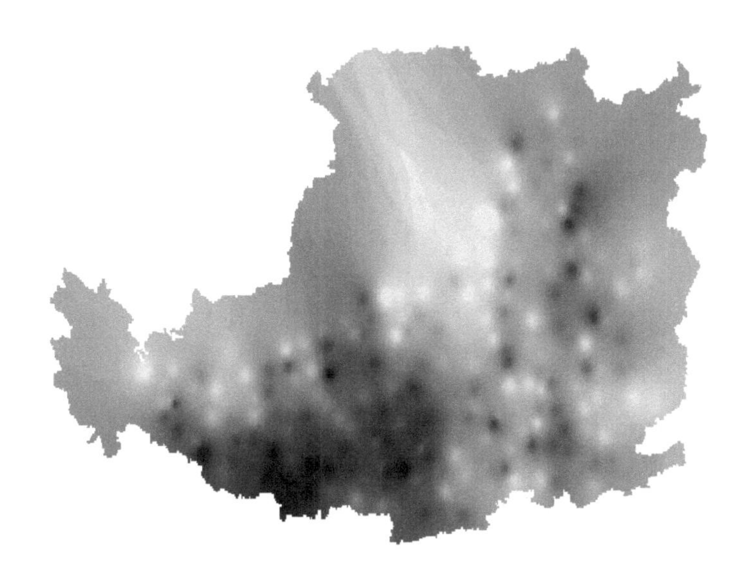

图 6-16　反距离插值结果

在此之后还需将所得结果绘制成地图。点击【新建布局】，如图 6-17 所示，并选择一个横向布局，这里选择的是 A4。

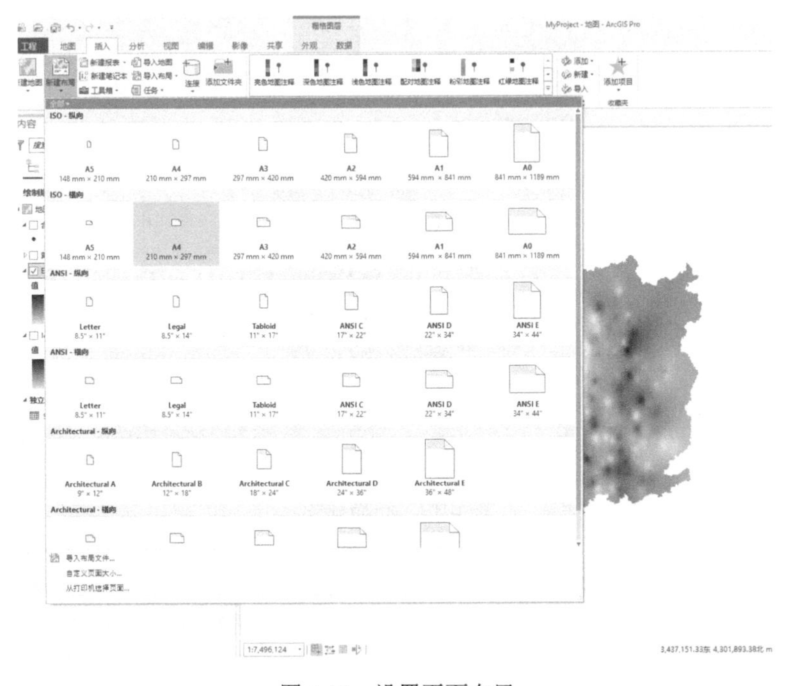

图 6-17　设置页面布局

在此之后，点击插入地图框，并选择图层，如图 6-18 所示。选择“默认范围”之后的那个地图，所得结果如图 6-19 所示。

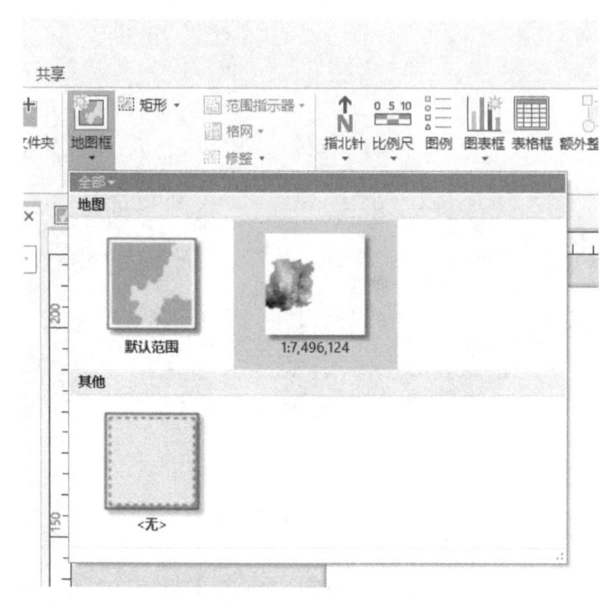

图 6-18　页面和打印设置

图 6-19　布局视图

还需要为地图插入地图要素。选择左上角的【插入】选项（图 6-20），分别插入标题（动态文本）、指北针、比例尺和图例，调整大小样式与位置即可成图，如图 6-21 所示。

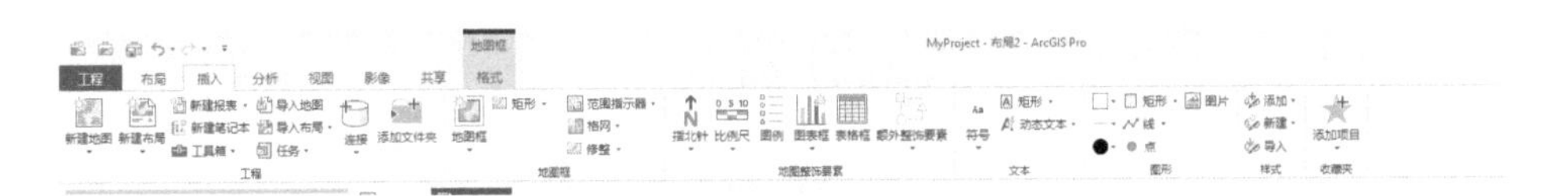

图 6-20　插入地图要素

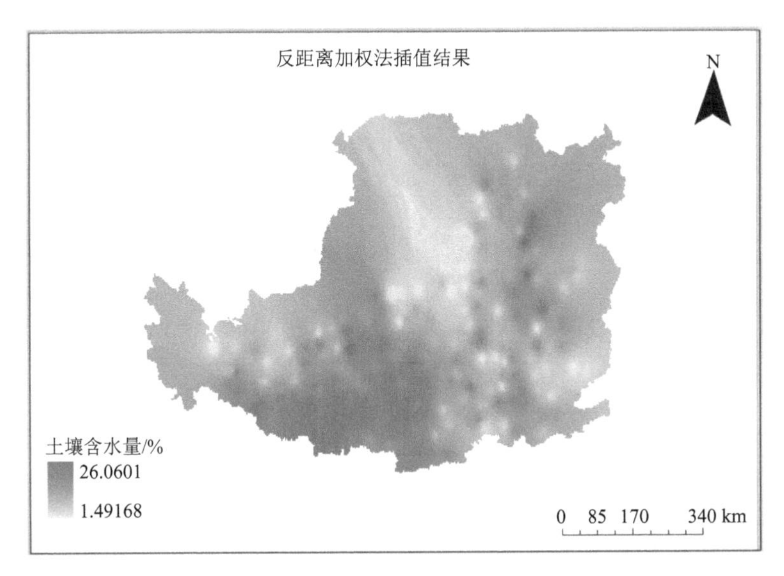

图 6-21　最终成图

2. 样条函数法

在工具箱中分别点击【Spatial Analyst 工具】→【插值】→【样条函数法】，显示如图 6-22 所示界面。选择输入的点要素含水量，Z 值字段为土壤含水量“F20”，选择输出栅格路径和名称，选择样条函数类型为“张力”，输入权重为“0.1”，点数为“12”，和第 1 小节一样还需要更改环境中的处理范围选项。点击【运行】，获得插值结果。对图像裁剪后，重复第 1 小节提到的制图步骤制作成图，如图 6-23 所示。

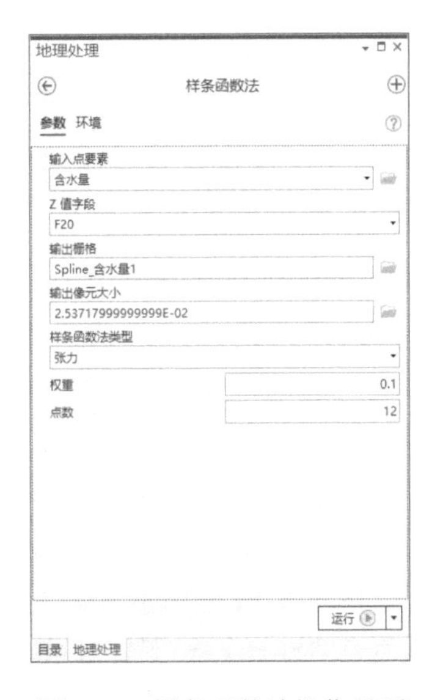

图 6-22　样条函数法操作界面

3. 克里金法

在工具箱中分别点击【Spatial Analyst 工具】→【插值】→【克里金法】，显示如图 6-24 所示的界面。

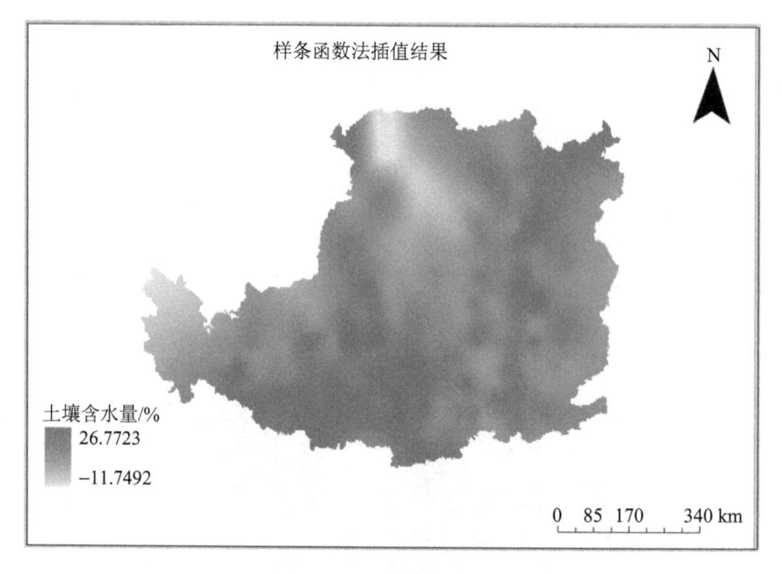

图 6-23　样条函数插值结果

图 6-24　克里金法操作界面

按图 6-24 分别设置输入点要素、Z 值字段等，这里因为克里金法需要足够的插值点才能计算半变异函数，所以无法输出覆盖整个黄土高原地区的插值曲面，因此这一步我们不需要设置环境中的输出范围。点击【运行】可得图 6-25 所示结果。

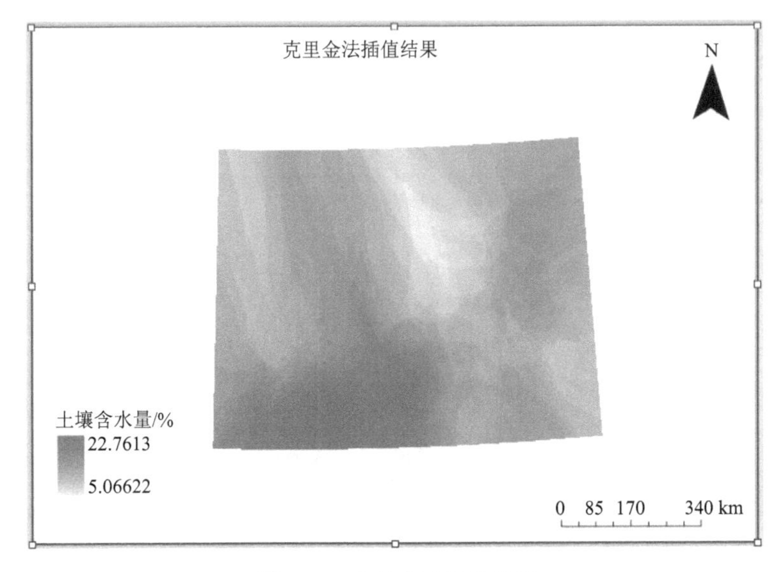

图 6-25 克里金法插值结果

4. 生成等值线

为了更清晰地表现出不同地区土壤含水量差异，本实验以反距离权重法插值结果为例生成等值线，分别点击【Spatial Analyst 工具】→【表面】→【等值线】，操作界面如图 6-26 所示。

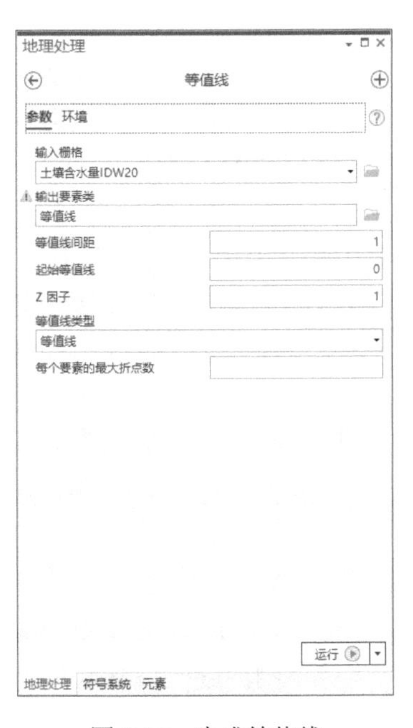

图 6-26 生成等值线

选择输入栅格为反距离权重法的插值结果，选择输出路径，并选择等值线间距，点击【运行】即可输出等值线，如图 6-27 所示。通过等值线我们可以更清晰地看出土壤含水量的变化趋势和空间分布特点。

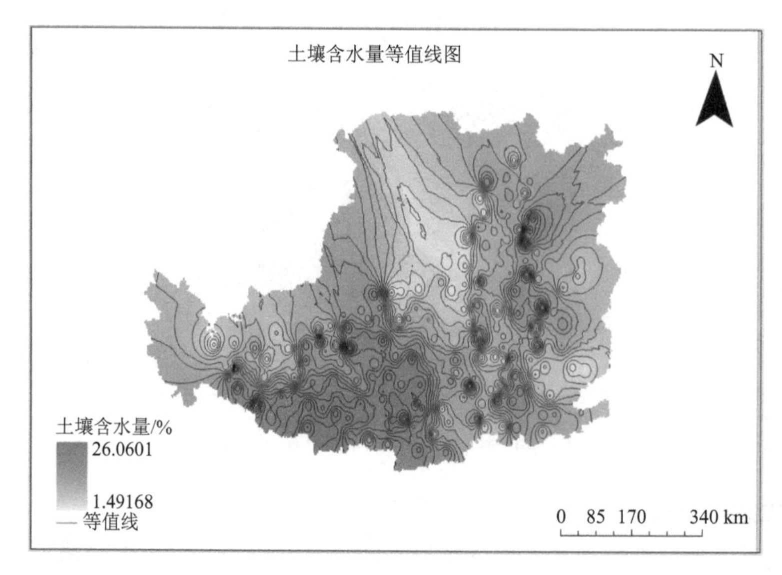

图 6-27　等值线图

6.5.4　对比实验

本章需实验者分别对 20m 深度和 40m 深度的土壤含水量进行反距离权重法插值，对比不同土壤深度的含水量差异。

在 6.5.1 节～6.5.3 节的步骤中，20m 深度的插值结果已经获取，重复同样的步骤可以得到 40m 深度的土壤含水量插值结果。

在此之后可利用栅格计算工具定量分析黄土高原地区不同土壤深度的含水量变化情况。点击【Spatial Analyst 工具】→【地图代数】→【栅格计算器】，打开界面如图 6-28 所示。

图 6-28　栅格计算器界面

输入如图 6-28 所示的表达式，其中"土壤含水量 IDW20"是 20m 深度土壤含水量结果，"Extract_Idw_40 "是 40m 的空间插值结果，二者相减即可计算不同深度土壤含水量差异，选择输出的栅格路径。在此之后为该差值结果选择合适的符号系统，并重复 6.5.1 节的制图步骤（添加图名、图例、比例尺、指北针等），制作结果图如图 6-29 所示。

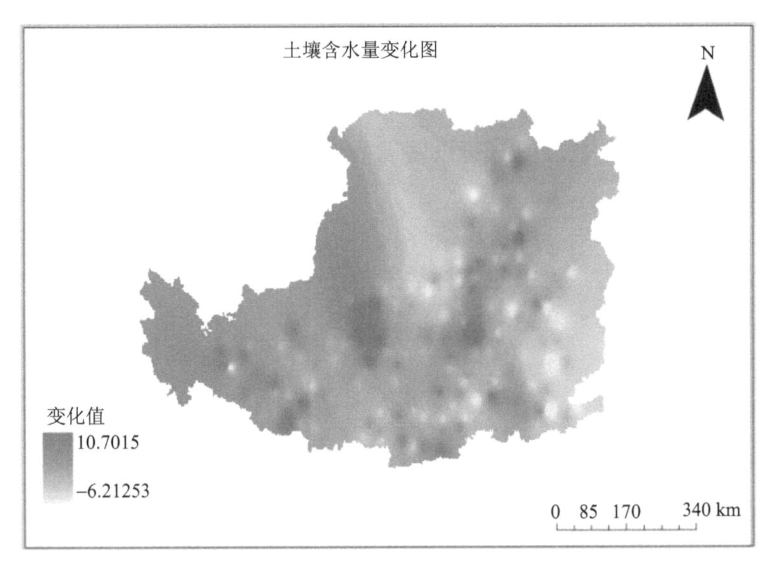

图 6-29　20m 深度与 40m 深度土壤含水量变化图

6.5.5　实验小结

本实验使用反距离权重法、样条函数法和克里金法对土壤含水量数据进行空间插值，在这里进行一个简单的总结。

1. 反距离权重法

反距离权重法插值工具可通过对各个待处理像元邻域中的样本数据点取平均值来估计像元值。点距要估计的像元的中心越近，则其在平均过程中的影响或权重越大。反距离权重法插值适用于表现出均匀分布而且足够密集以反映局部差异的观测点数据集的场景，提供合理的插值结果。它普遍适用于空气质量、气象、土壤等领域的研究，尤其适用于当某个现象呈现出局部变异性的情况。

2. 样条函数法

样条函数法使用可最小化整体表面曲率的数学函数来估计值，以生成恰好经过输入点的平滑表面。样条函数插值速度快，且产生的视觉效果好，但样条函数插值的误差不能直接计算，适用于属性值在短距离内变化不大的区域范围。它广泛应用于测绘、统计学、计算几何等领域。

3. 克里金法

克里金法是通过一组具有 Z 值的分散点生成估计表面的高级地统计过程。与其他插值方法不同，选择用于生成输出表面的最佳估算方法之前应对由 Z 值表示的现象的空间行为进行全面研究。克里金插值算法适用于样本数据存在随机性和结构性特征的场景，广泛应用于各类观测的空间插值，如地面风场、降水、土壤、环境污染等领域。

6.6 思 考 题

（1）在进行样条函数插值时可以发现插值结果中出现负数的情况，尝试分析其原因。

（2）为什么克里金法一般情况下比反距离权重法和样条函数法插值效果好？

（3）读者可以对比实验中的三种插值方法生成的插值面的差异，并尝试分析导致黄土高原的土壤含水量空间差异的原因。

第 7 章　地理加权回归

7.1　理 论 基 础

7.1.1　理论概述

在空间分析（spatial analysis）中，变量的观测值（数据）一般都是按照某给定的地理单位为抽样单位得到的，随着地理位置的变化，变量间的关系或者结构会发生变化。这种因地理位置的变化而引起的变量间关系或结构的变化称为空间非平稳性（spatial nonstationarity）。

这种空间非平稳性普遍存在于空间数据中，如果采用通常的线性回归模型或莫伊特定形式的非线性回归函数来分析空间数据，一般很难得到满意的结果。因为全局模型（global model）在分析之前就假定了变量间的关系具有同质性（homogeneity），从而掩盖了变量间关系的局部特性，所得结果也只是在研究区域内的某种“平均”，因此需要对传统的分析方法进行改进。

地理加权回归（geographically weighted regression，GWR）模型是由 Fotheringham 等提出的，针对每个观测点建立的，可以探测每个影响因素对局部区域影响的回归模型。传统的回归模型只是对参数进行“平均”或“全域”估计，不能反映参数在不同空间的空间非平稳性。当用横截面数据建立计量经济学模型时，因为这种数据在空间上表现出复杂性、自相关性和变异性，所以解释变量对被解释变量的影响在不同区域之间可能是不同的，假定区域之间的经济行为在空间上具有异质性的差异可能更加符合现实。对存在异质性的空间个体行为进行分析，GWR 模型是解决空间异质性问题的有效方法。

7.1.2　基本原理

GWR 模型扩展了普通线性回归模型。在 GWR 模型中，特定区位的回归系数不再是利用全部信息获得的假定常数，而是利用邻近观测值的子样本数据信息进行局域（local）回归估计而得，并随着空间上局域地理位置变化而变化的变数。GWR 模型可以表示为

$$y_i = \beta_0(u_i, v_i) + \sum_{j=1}^{k} \beta_j(u_i, v_i) x_{ij} + \varepsilon_i \qquad (7\text{-}1)$$

其中，y_i 为 i 观测点的被解释变量；（u_i,v_i）为 i 观测点的地理坐标；β_0（u_i,v_i）为

i 观测点的常数项；x_{ij} 为 i 观测点第 j 个解释变量；β_j（u_i,v_i）为 i 观测点的回归系数；ε_i 为 i 观测点的回归方程残差。

系数 β_j 的下标 j 表示与 $m\times1$ 观测值联系的待估计参数向量，是关于地理位置（u_i,v_i）的 k+1 元函数。GWR 可以对每个观测值估计出 k 个参数向量的估计值，ε 是第 i 个区域的随机误差，满足零均值、同方差、相互独立等球形扰动假定。

整个模型分三大块，包括参数估计、空间权函数、带宽优化。

1）参数估计

参数估计：采用局部加权最小二乘法进行参数估计。

2）空间权函数

空间权函数：GWR 模型的核心是空间权重矩阵，它是通过选取不同的空间权函数来表达对数据空间关系的不同认识。空间权函数的正确选取对 GWR 模型参数的正确估计非常重要，下面介绍几种常用的空间权函数。

（1）距离阈值法：距离阈值法是最简单的权函数选取方法，它的关键是选取合适的距离阈值 D，然后将数据点 j 与回归点 i 之间的距离 d_{ij} 与其比较，若大于该阈值则权重为 0，否则为 1：

$$w_{ij}=\begin{cases}1, d_{ij}\leqslant D\\0, d_{ij}>D\end{cases} \tag{7-2}$$

（2）距离反比法：

$$w_{ij}=1\Big/d_{ij}^{\alpha} \tag{7-3}$$

在式（7-3）中，α 为合适的常数，当 α 的取值为 1 或者 2 时，对应的是距离倒数和距离倒数的平方。这种方法简洁明了，但对于回归点本身也是样本数据点的情况，就会出现回归点观测值权重无穷大的情况，若要从样本数据剔除却又会大大降低参数估计精度，所以距离反比法在 GWR 模型参数估计中也不宜直接采用，需要对其进行修改。

（3）高斯（Gauss）函数法：高斯函数法就是 W_{ij} 与 D_{ij} 之间的连续单调递减函数，可以克服上述空间函数不连续的缺点。

（4）截尾型函数法：最常采用的近高斯函数便是 bi-square 函数。

3）带宽优化

带宽优化：在实际应用中，GWR 分析对高斯函数和 bi-square 函数的选择并不是很敏感，但是对特定权函数的带宽却很敏感，带宽过大回归参数估计的偏差会过大，带宽过小又会导致回归参数估计的方差过大。如何选择一个合适的带宽也极其重要，下面介绍两种典型的方法。

（1）交叉验证（cross-validation，CV）法：为了克服“最小二乘平方和”遇

到的极限问题，Cleveland 于 1979 年提出了用于局域回归分析的交叉验证方法，该方法公式为

$$\mathrm{CV}=\frac{1}{n}\sum_{i=1}^{n}\left[y_1-\hat{y}_{\neq i}(b)\right]^2 \tag{7-4}$$

其中，$\hat{y}_{\neq i}(b)$ 表示在回归参数估计时不包括回归点本身，即只根据回归点周围的数据点进行回归计算，把不同的带宽 b 和它对应的 CV 值绘制成趋势线，就可以非常直观地找到最小的 CV 值所对应的最优带宽 b。

（2）赤池信息准则（Akaike information criterion，AIC）：

$$\mathrm{AIC}=2n\ln(\hat{\sigma})+n\ln(2\pi)+n\left[\frac{n+\mathrm{tr}(S)}{n-2-\mathrm{tr}(S)}\right] \tag{7-5}$$

其中，帽子矩阵 S 的迹 tr（S）为带宽 b 的函数；$\hat{\sigma}$ 为随机误差项方差的极大似然估计，即 $\hat{\sigma}=\mathrm{RSS}/n-\mathrm{tr}(S)$。对于同样的样本数据，使 AIC 值最小的 GWR 权函数所对应的带宽就是最优带宽。

7.2　实 验 目 的

（1）熟悉并理解 GWR 模型的背景意义及基本概念，并了解相比于常规的普通线性回归，GWR 模型对于一些常见问题的解决方案的优势。

（2）掌握在 ArcGIS Pro2.5 软件中，如何使用 GWR 工具对空间数据进行 GWR 分析，熟悉用软件进行 GWR 分析的整个操作过程，并且学会对结果进行解读与分析。

（3）在对存在异质性的空间个体行为分析中，学会运用 GWR 模型有效解决空间异质性问题。例如，在时空格局上，不同的影响因素在不同的区域上对因变量产生局部影响程度的大小，以及可以局部地采取一些有效的措施。

7.3　实验场景与数据

7.3.1　实验场景

随着城市的发展，住房价格引起更多的关注。住宅价格与地区发展表现出多种矛盾特征，一方面，房地产业提升了地区的经济活力，对城市成长、人口流动也产生了大的影响，另一方面，形成的需求市场促使房价不断上升。改革开放以来，不断推动国民经济的高速发展，形成了不同发展程度的城市空间格局，而房地产市场随着国家的政策调整以及城市各项基础设施的不断完善，也在不同城市、

区域间形成显著差异。

房地产经济平稳健康的可持续发展是国家经济高质量发展的要求，其在城市市场经济中的联动作用以及对生产生活的带动作用也比较明显。商品住宅既具有经济属性又具有地域属性，因此，住房问题的考虑应该兼顾城市宏观发展状况和城市空间中资源配置的实际情况两个方面。当前，国内外经济开放水平不断提高，区域经济联系更加密切，居民可支配收入不断增加，居住空间格局差异也比较显著。立足城市发展现状以及居住空间特征，从经济和房地产市场发展现状中论证住宅价格与城市发展的联动作用，同时从住宅小区的住宅环境中探索城市居民对住宅环境的需求以及住宅环境中资源配置的不均衡特征，可以为城市合理规划建设以及发展全面推进、房价市场的稳定提供建设性意见。应用地理空间技术分析住宅价格，能避免从单一角度对住房问题进行简单认识，同时揭示了房价市场的时空演变规律以及影响因素的空间分异特征。

在对空间差异的研究中，目前用得较多的是 GWR 模型。因为它能较好地研究不同空间位置的空间差异，所以主要应用于房地产、农业及经济领域，近年来在能源经济学领域中也被广泛应用。GWR 的中心思想就是将数据的地理位置引入回归参数中，通过相邻观测值的子样本数据信息对局部进行回归估计，随着空间上局部地理位置的变化，估计的参数也不尽相同，因此 GWR 方法可以反映房价与其影响因素的空间关系。

城市化进程中，大多数地区不断致力于城市规划建设，投入巨大的支出用于城市基础设施建设，推动了区域经济健康有序的发展。本章利用 GIS 技术分析了以某城市为中心，与周边 8 个城市构成的“1+8 城市圈”的 48 个区、县房价的时空特征，选取宏观经济变量与城镇化人口数量作为微观变量，研究了研究区中 48 个区、县房价的影响机制。GWR 模型可以有效解决空间异质性问题。通过 GWR 方法可以获取每个省份的回归方程，而计算的结果是考虑到了各市在空间地理位置的相互影响，因此结果可以充分考察各地区的空间异质性，故可以针对每一个影响因素在时间和空间上进行分析。

7.3.2 实验数据

本实验选取某市与该市周边的 8 个城市构成的“1+8 城市圈”（细分为 48 个区、县）为研究区，实验数据包括：①区、县边界.shp（“1+8 城市圈”中 48 个区、县级地区）。②Data.xls。包含“1+8 城市圈”中 48 个区、县地区 3 个年份（2020 年、2015 年、2020 年）的人文经济数据的 Excel 文档，其中包括城镇化率、GDP 和人均收入（城镇化率、总 GDP 以及人均收入数据可在相关《统计年鉴》上查阅并收集）。

7.4　实验内容与流程

利用 GWR 模型研究该地区“1+8 城市圈”中 48 个区、县分别在 2010 年、2015 年、2020 年城镇化率、GDP 和人均收入对商品房房价的影响，揭示各影响因素在不同地区的空间差异性。

（1）影响房价变化的因素很多，本实验选取了地区城镇化率、GDP 和人均收入这三个影响因素作为自变量，在 ArcGIS Pro2.5 软件中，将有研究区 48 个区、县的城镇化率、GDP、人均收入的 Excel 文档导入区、县边界.shp 文件的属性表中，然后使用 ArcGIS Pro2.5 软件所提供的 GWR 工具，设定自变量与因变量，选择相应的核函数与带宽优化方法，进行 GWR 分析。

（2）通过 GWR 分析可以获取每个地区的回归方程，而分析的结果是考虑到了各区、县在空间地理位置的相互影响，因此结果可以充分考察各地区的空间异质性。可以针对每个影响因素在时间和空间上进行分析，并揭示各因素对研究区 48 个区、县各因素在空间上对房价影响的差异性，通过分析提出针对性的政策建议。

实验流程图如图 7-1 所示。

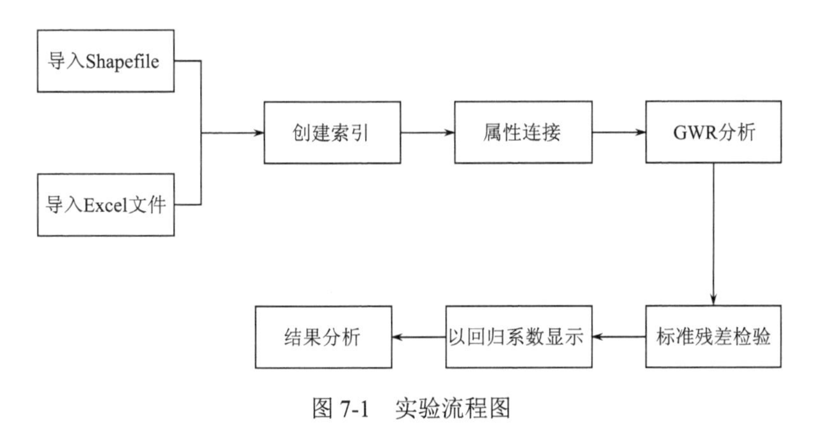

图 7-1　实验流程图

7.5　实 验 步 骤

7.5.1　软件工具

该实验用到的软件为 ArcGIS Pro2.5 系统平台，主要用到了该软件所提供的地理加权回归（GWR）工具。

7.5.2　实验具体操作

（1）打开 ArcGIS Pro2.5 软件，首先在主页面中点击【新建】→【地图】，在弹出的窗口中新建一个自定义的存储路径并创建一个新的工程文件，并自定义命名。创建完成后在窗口菜单栏里点击【地图】，并点击【添加数据】，选择并导入的数据包括 1 个矢量图层和 1 个 Excel 文档，即 BORDER.shp（研究区的 48 个区、县级地区的行政区划图）和 Data.xls[包含研究区 48 个区、县地区 3 个年份（2010 年、2015 年、2020 年）的人文经济数据的 Excel 文档]。如图 7-2～图 7-5 所示。

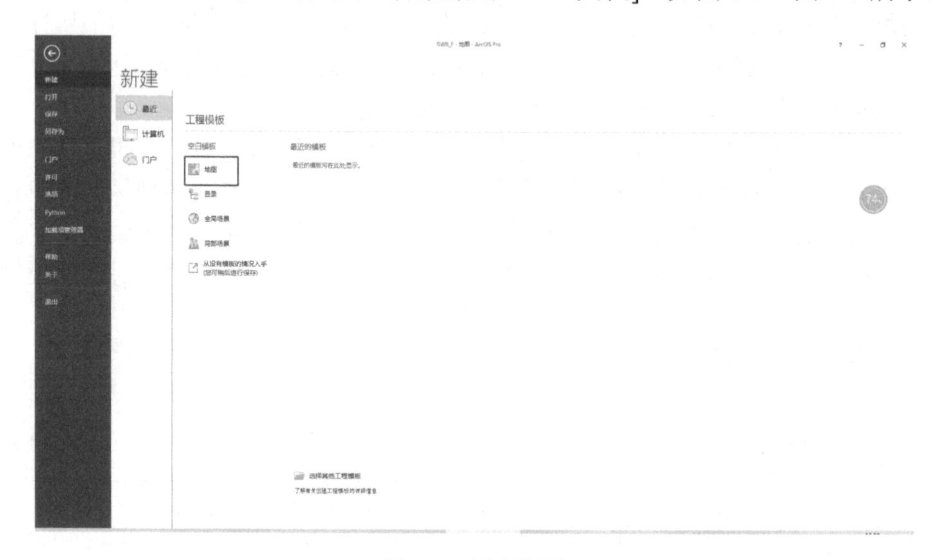

图 7-2　新建地图

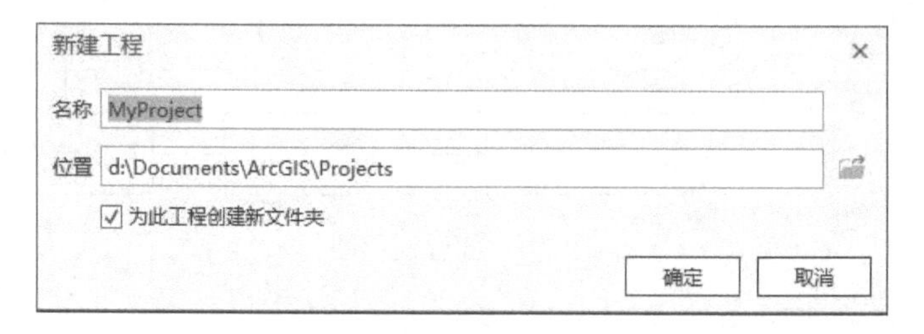

图 7-3　新建工程

图 7-4　添加数据

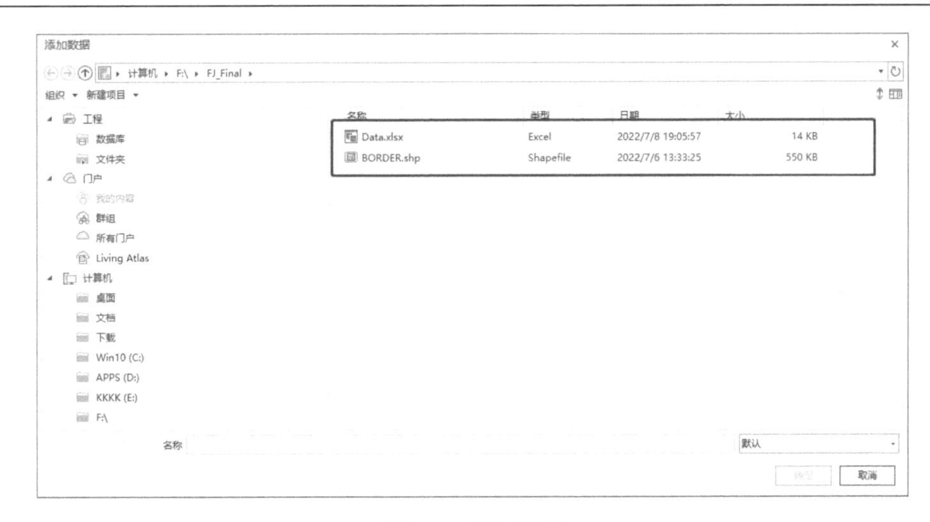

图 7-5　导入数据

（2）首先要把 Excel 表中的属性连接到矢量数据的属性表中，首要任务是对矢量数据与 Excel 文档中共有的属性创建索引，点击菜单栏的【分析】→【工具】，便可在主页面的右侧看到工具栏已经打开。在工具栏中点击【数据管理工具】→【索引】→【添加属性索引】，给矢量数据中的 NAME 字段添加索引。如图 7-6 和图 7-7 所示。

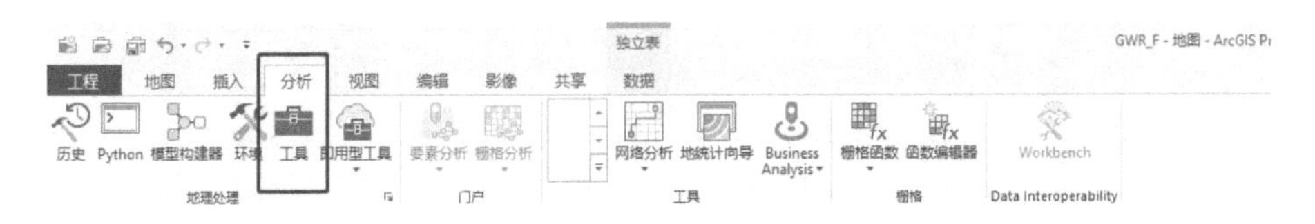

图 7-6　工具栏

添加完索引之后，在左侧的内容栏中，右击 48 个区、县的矢量图，点击【连接和关联】→【添加连接】。并在右侧的地理处理栏中，选择要导入的 Excel 文档以及两个图层共有的连接字段 NAME，点击【运行】，根据两个图层共有的属性字段 NAME 将 Excel 中的属性数据导入到矢量图层的属性表中。运行完之后右键点击矢量数据，打开属性表可以看出上一步的操作已经把 Excel 文档中的属性数据连接到矢量数据的属性表中，如图 7-8 所示。

可以看到已经把研究区 2010 年、2015 年、2020 年的城镇化率数据、GDP 数据以及人均收入数据都显示在属性表中，如图 7-9 所示。

（3）连接好属性以后，采用 ArcGIS Pro2.5 软件提供的 GWR 工具，分别进行分析，以每个年份的房价为因变量，以每年的城镇化率、GDP 和人均收入这三个影响因素作为解释变量。通过 GWR 方法，可以得到每个地区的回归方程，而这

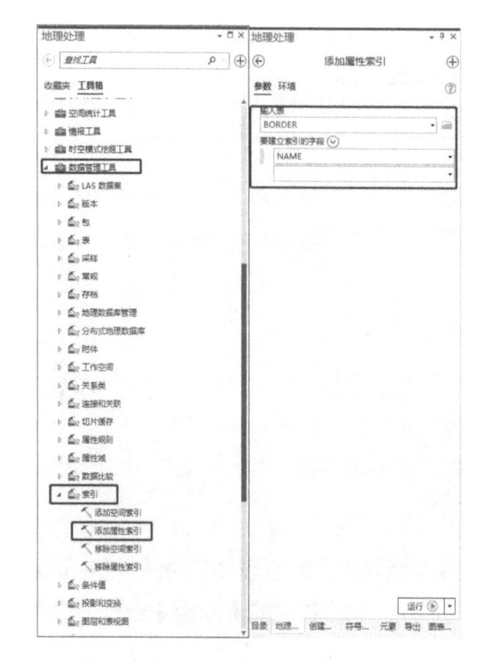

图 7-7　给 NAME 字段添加属性索引

图 7-8　连接数据

类型	NAME	2010	2015	2020	2010城镇化率	2010GDP	2010人均收入	2015城镇化率	2015GDP	2015人均收入	2020城镇化	2020GDP	2020人均收
市辖区	江岸区	6607	10851	20259	0.987	433.35	8534	1	864.94	17458	1	1247.04	254
市辖区	江汉区	6888	10533	21322	0.991	480.01	8126	1	925.85	18975	1	1319.06	235
市辖区	硚口区	6610	10375	18924	0.984	307.72	7125	1	547.6	20145	1	801.16	246
市辖区	汉阳区	5611	8583	17121	0.945	432.11	7156	1	869.92	16542	1	699.01	210
市辖区	武昌区	6332	9793	23314	0.961	471.99	9784	1	881.56	21045	1	1492.93	305
市辖区	青山区	5709	8197	17398	0.987	468.88	10114	0.951	471.88	20569	0.964	761.47	275
市辖区	洪山区	6014	8915	18782	0.791	462.45	10119	0.954	744.19	21465	0.989	1036.16	264
市辖区	东西湖区	4953	7758	13318	0.313	230.3	8637	0.645	628.89	19466	0.776	1370.17	241
市辖区	汉南区	3000	4420	8060	0.254	55.88	8374	0.754	120.67	16653	0.863	1650.31	210
市辖区	蔡甸区	3000	4750	11462	0.276	165.92	8122	0.405	371.26	16502	0.487	371.34	221
市辖区	江夏区	5232	6980	13477	0.372	296.47	8317	0.512	597.15	16641	0.607	842.04	212
市辖区	黄陂区	4036	6850	10847	0.182	256.97	7950	0.345	570.22	16228	0.532	1013.28	201
市辖区	新洲区	3000	3000	7416	0.225	237.28	7796	0.314	560.94	15894	0.539	888.57	210
市辖区	黄石港区	4125	5785	6569	0.512	84.8	10042	0.645	158.96	13886	0.714	198.32	164
市辖区	西塞山区	4026	5412	5947	0.463	102.37	6580	0.514	157.68	10570	0.678	196.11	149
市辖区	下陆区	4168	6100	6375	0.614	87.45	7060	0.685	179.16	12035	0.714	269.3	156
市辖区	铁山区	2500	2650	2880	0.124	17.3	6850	0.201	31.73	10754	0.305	51.4	140
县	阳新县	2500	3105	3121	0.213	110.71	4910	0.258	189.34	9267	0.354	249.65	133
县级市	大冶市	3689	4865	5317	0.345	226.89	8079	0.457	458.64	15861	0.541	556.04	215
市辖区	梁子湖区	3490	5420	5735	0.143	154.26	7846	0.425	198.54	9874	0.654	265.44	120
市辖区	华容区	3852	4654	5073	0.172	98.25	5695	0.267	146.33	8746	0.545	246.64	98
市辖区	鄂城区	4100	5102	5780	0.303	204.35	6874	0.679	245.98	10142	0.765	301.25	101
市辖区	孝南区	3450	4755	5618	0.641	95.01	5943	0.712	149.46	14420	0.751	300.38	197

图 7-9　属性表

些结果考虑了各地区因空间地理位置产生的相互影响，因此结果可以充分考察各地区的空间异质性。具体步骤包括：在 ArcGIS Pro2.5 软件中，在右侧的地理处理栏中选择【工具栏】→【空间统计工具】→【空间关系建模】→【地理加权回归(GWR)】工具。

在右侧的地理处理栏中弹出的地理加权回归（GWR）窗口中，首先在【输入要素】栏中选择研究区 48 个区、县的行政区划矢量图，并在【因变量】选择上一步计算好的某一年份的房价属性，在自变量栏【解释变量】中依次选择该年份三个影响因素属性（包括城镇化率、GDP、人均收入）。【输出要素】栏中设定输出的路径以及命名，在【邻域类型】中选择距离范围，并在【邻域选择方法】中选择【黄金搜索】，由于【最小搜索距离】与【最大搜索距离】不是必填项，故可以不做选择。其中，邻域选择方法参数包括：①黄金搜索；②手动间隔；③用户自定义。如果选择黄金搜索，则工具将使用黄金分割搜索方法查找距离范围或相邻要素参数的最佳值。手动间隔选项将测试指定距离之间相应增量中的邻域。无论哪种情况，使用的邻域大小是最小化赤池信息准则值的邻域大小。但是，局部多重共线性问题将会阻止两种方法解析最佳距离范围或相邻要素的数目。如果出现错误或遇到严重的模型设计问题，可以尝试使用用户定义选项来指定特定距离或邻域计数。然后检查输出要素类中的条件数，以查看哪些要素与局部共线性问题相关联。最后进行分析，具体如图 7-10 所示。

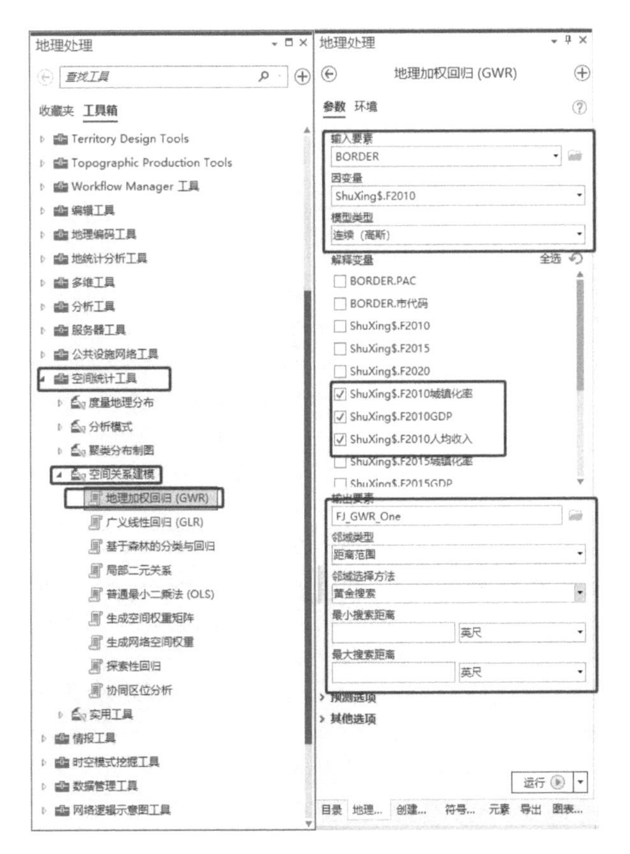

图 7-10　GWR 工具

运行完后，可以在左侧的内容栏中看到获得了 1 个新的矢量图层和 3 个图表（图 7-11），打开该图层的属性表，可以看到该属性表内包含大量的属性元素，包括 GWR 模型分析得出的整体结果；分析后的拟合参数值，包括各解释变量的回归系数、标准化残差值、预测值、R^2 等，可以根据这些值来评估此分析拟合度的高低。除了得到的矢量数据以外，还有 3 个图表，包括变量之间的关系图表 变量之间的 Relationships 、标准化残差分布 标准化残差分布 、标准化残差和预测图 标准化残差和 预测图 。变量之间的关系图主要是将每个变量与其他变量间的相关性以线性表达在图表中，以 R^2 的大小来表达变量间相关性的大小；标准化残差分布图是将所有地区的标准化残差值以正态分布的形式表达在表中，并且求出了平均值等；标准化残差与预测图是将每个地区以点的形式把各区、县的标准化残差值和预测值表达在同一个横纵坐标轴上，便于拟合度分析，如图 7-12～图 7-14 所示。

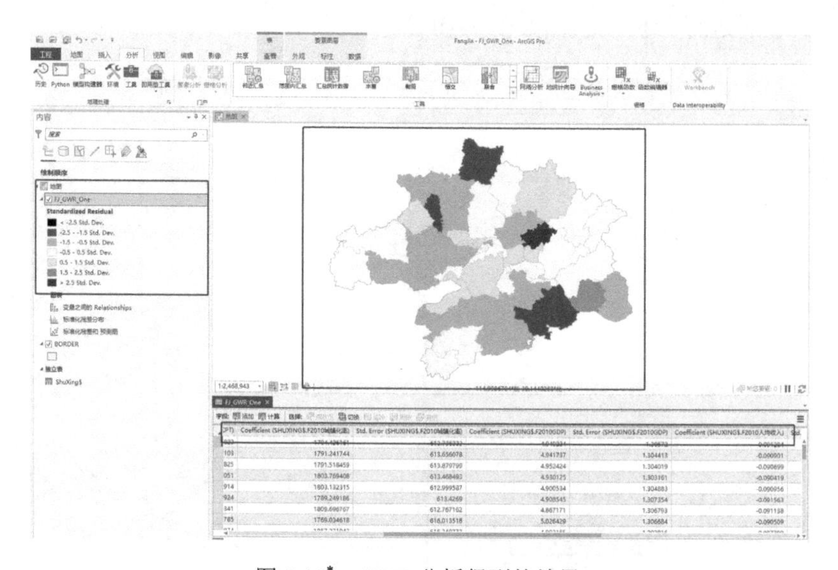

图 7-11* GWR 分析得到的结果

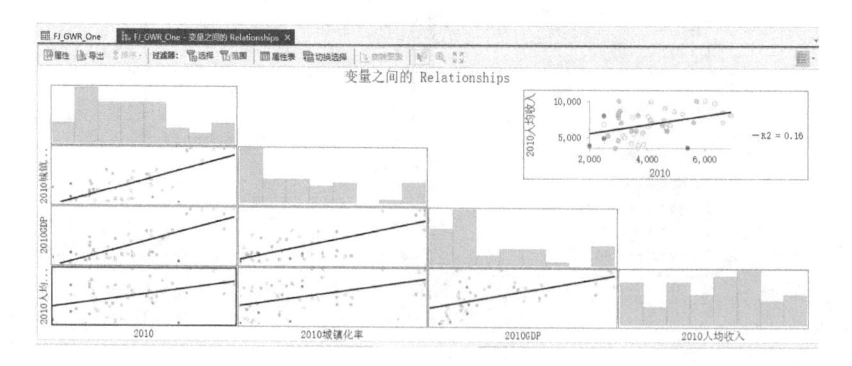

图 7-12　变量之间的关系

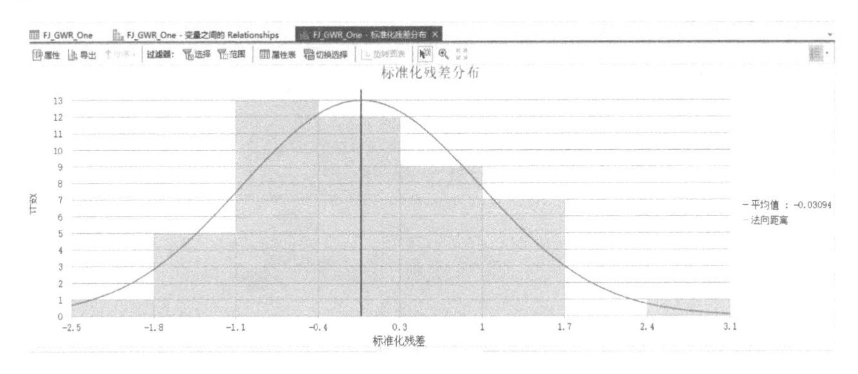

图 7-13　标准化残差分布图

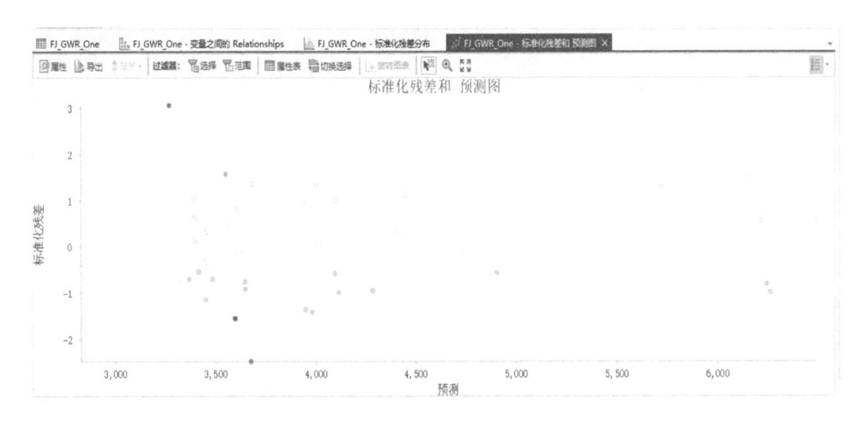

图 7-14　标准化残差和预测图

（4）可以根据得到的不同参数的结果，分析研究区 48 个区、县的空间差异性。右键点击该矢量图层，并打开【系统符号】，在右侧的地理处理中弹出的符号系统窗口中选择参数，在【字段】选项框中选择分析后的拟合参数值（如 2010 年的标准化残差值，如图 7-15 所示），并点击应用进行显示。

在上一步选择参数值显示之后，点击菜单里的【插入】，新建一个地图布局，并且在新建的地图布局中设计结果图。新建一个布局之后，同样是在菜单【插入】里插入各个元素，首先插入 3 个地图框，便于将 3 个年份的结果图同时显示在一张结果图中。在三个地图框中导入 3 个年份进行 GWR 分析的结果图，以及研究区 48 个区、县的矢量边界图，并将 3 个地图框均等地分布在同一【布局】中。在 3 个显示 GWR 结果的地图框中插入指北针、比例尺、图例、文本等元素。最后，在窗口菜单栏里选择【共享】→【布局】，随后在右侧的【布局】栏中选择参数并导出地图。整体的布局设计过程如图 7-16 所示。

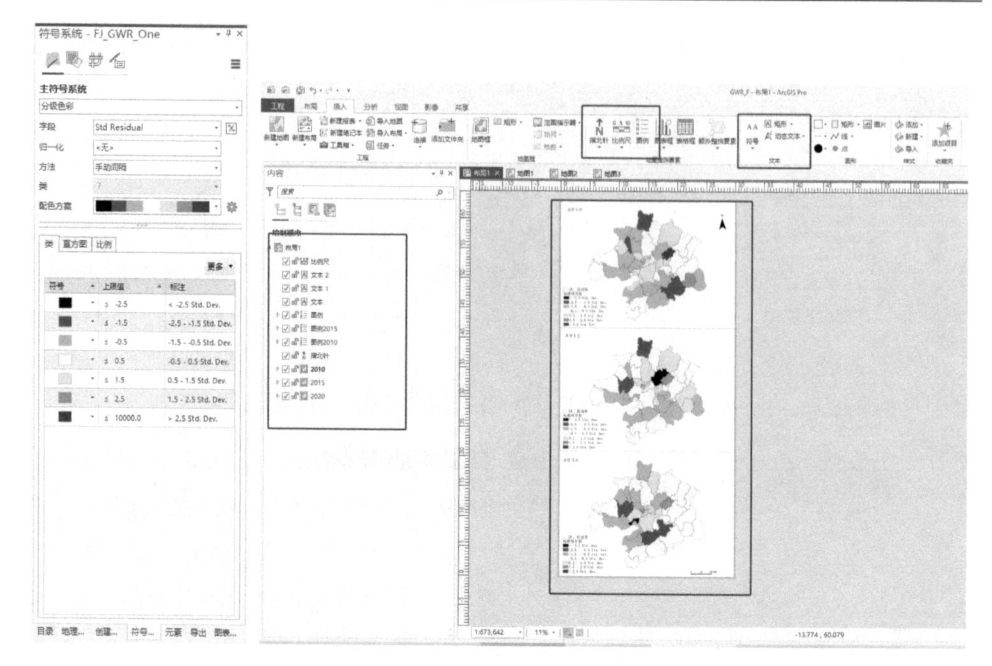

图 7-15　符号系统窗口　　　　图 7-16　地图布局设计

如图 7-17 所示，进行 GWR 分析后，将得到一张包含大量属性的矢量图层，以标准化残差值进行显示，渲染为由冷色到暖色过渡的地图，主要用来衡量每个系数估计值的可靠性。一般来说，超过 2.5 倍标准差的地方可能会有问题。从图中可以看出，在 2010 年与 2015 年，在所有的 48 个区、县中，有 2 个区县的标准差超过 2.5 倍，其他地区回归拟合效果比较理想。在 2020 年中无任何地区超过 2.5 倍，回归拟合效果比较理想。

（5）通过对 48 个区、县 2010 年、2015 年、2020 年进行 GWR 分析，从空间效应视角对 48 个区、县房价的空间差异进行分析，根据研究结论及各地区房价特点制定差异化的政策以完成合理建设房地产投资目标。根据三个不同的影响因素分别在时间和空间的尺度上进行分析。

A. 人口城镇化对房价的影响

图 7-18 为城镇化率回归系数的结果，从图 7-18 中可以看出，在时间的尺度上，城镇化率与房价的关系呈很强的正相关。2010 年、2015 以及 2020 年的回归系数均较大，相比其他两个因素，城镇化率因素回归系数最大，各地区的总人口结构回归系数弹性系数差异较小。并且，从图 7-18 中可以明显看出回归系数在空间格局上在 2010 年由西北向西南逐渐递增的趋势转变为在 2015 年与 2020 年由西向东逐渐递减的趋势。

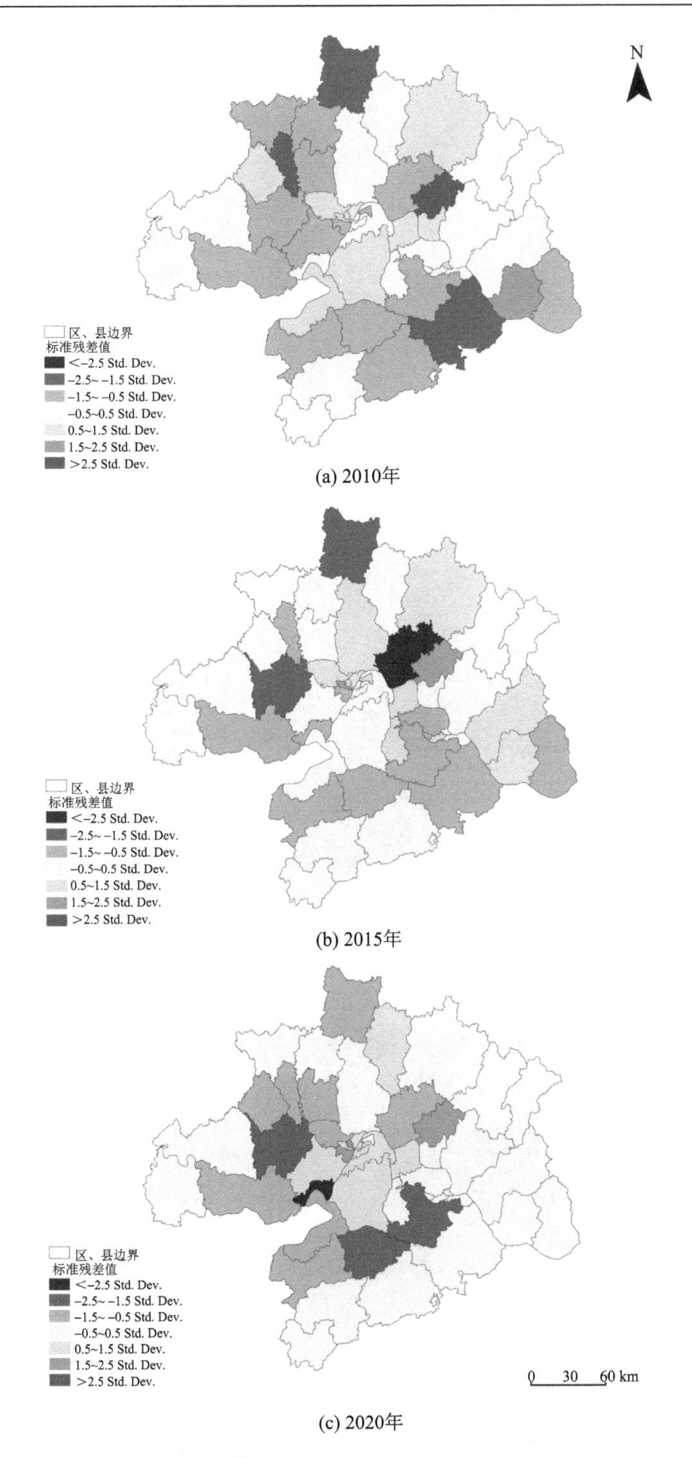

图 7-17* GWR 分析标准残差渲染图

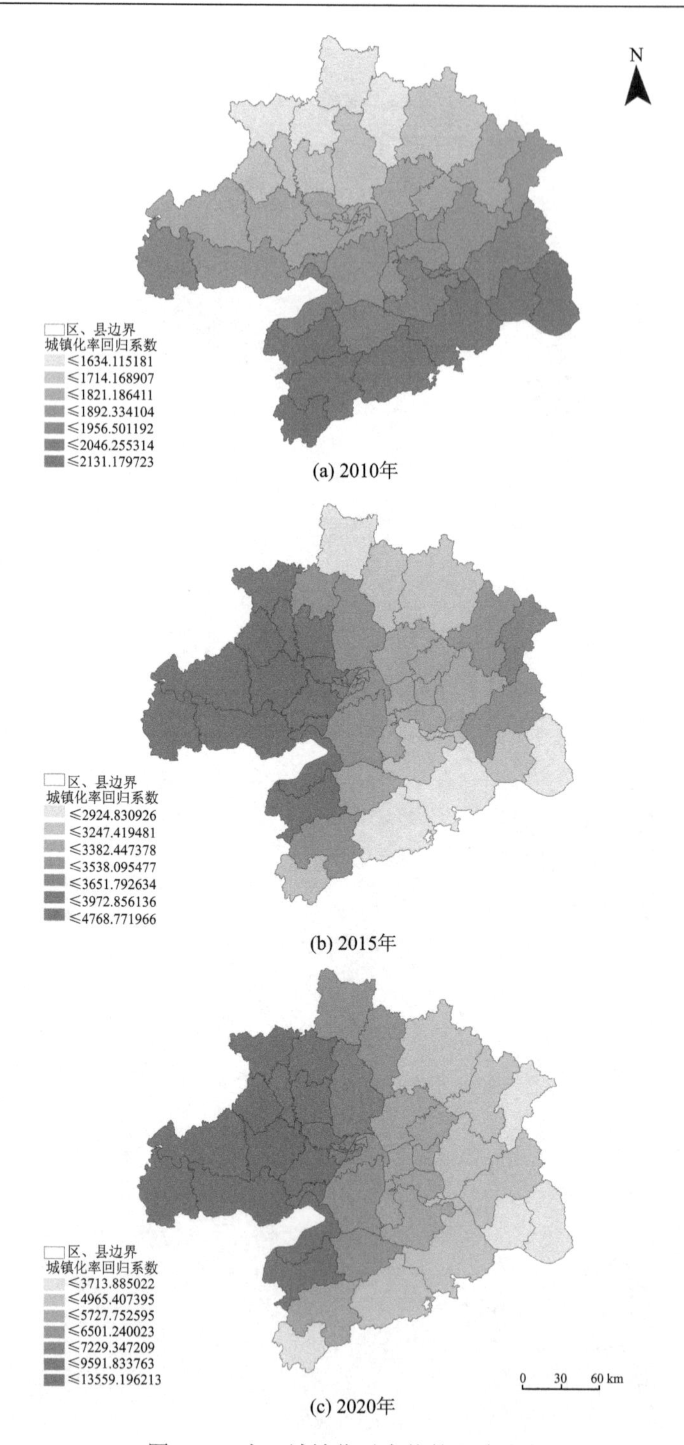

图 7-18　人口城镇化对房价的影响分布

B. GDP 对房价的影响

GDP 回归系数的结果如图 7-19 所示。从图 7-19 可以看出，GDP 与 48 个区、县均呈正相关，从回归系数可以看出，弹性系数差异较小，回归系数由 2010～2020 年呈递减的趋势。并且在空间的格局上，GDP 对房价的影响因素存在空间异质性。在空间格局上可以看出，GDP 对房价的影响程度在整个研究区 2010 年由西北向西南逐渐递减的趋势转变为在 2015 与 2020 年由西到东逐渐递增的趋势。

C. 人均收入对房价的影响

从图 7-20 中可以看出，人均收入与房价在 2010 年成反比，在 2015 年逐渐开始成正比，在 2020 年均成正比。并且从回归系数可以看出，弹性系数差异较小，且人均收入的回归系数相比于其他两个因素的回归系数较小，故人均收入的影响强度在三个影响因素中最小。从时间与空间的格局上，人均收入对房价的影响因素存在空间异质性，均呈由西向东递增的趋势。

（6）在进行 GWR 分析后，将会得到一张包含大量属性的矢量图层，在矢量图层的属性表中有大量的参数，每个参数代表的含义不同。图 7-17～图 7-20 是以每个解释变量的回归系数做了时空分析。以下给出其他参数的解释。

Condition Number（条件数）：这个数值用于诊断评估局部多重共线性。存在较强局部多重共线性的情况下，结果将变得不稳定。

Local R^2（局部 R^2）：与全局 R^2 的意义是一样的，范围为 0.0～1.0，表示局部回归模型与观测所得 y 值的拟合程度。如果值非常低，则表示局部模型性能不佳。对 Local R^2 进行地图可视化，可以查看哪些位置 GWR 预测较准确，哪些位置不准确，以便为获知可能在回归模型中丢失的重要变量提供相关线索。

Predicted（预测值）：对因变量的预测值。这些值是由 GWR 计算所得的估计（或拟合）y 值。这个值一般用来和因变量进行对比，越接近，表示拟合度越高。

Residual（残差）：就是观测值与预测值的差。此测量值越小，表明预测值与观测数据的拟合度越高。

Std. Residual（标准化残差）：这个值也是 ArcGIS 进行 GWR 分析之后，给出的默认可视化结果。标准化残差的平均值为零，标准差为 1。执行 GWR 分析时，自动将标准化残差渲染为由冷色到暖色过渡的地图。如果某些地方超过 2.5 倍标准化残差，这些地方可能是有问题的。

Coefficient（各样本的各个自变量的系数）：GWR 的特点就在这里，不同于 OLS，GWR 会给出每个位置每个自变量的系数。

Standard Error Coefficient（各自变量系数标准误差）：这些值用于衡量每个系数估计值的可靠性。标准误差与实际系数值相比较小时，这些估计值的可信度会更高。较大标准误差可能表示存在局部多重共线性问题。

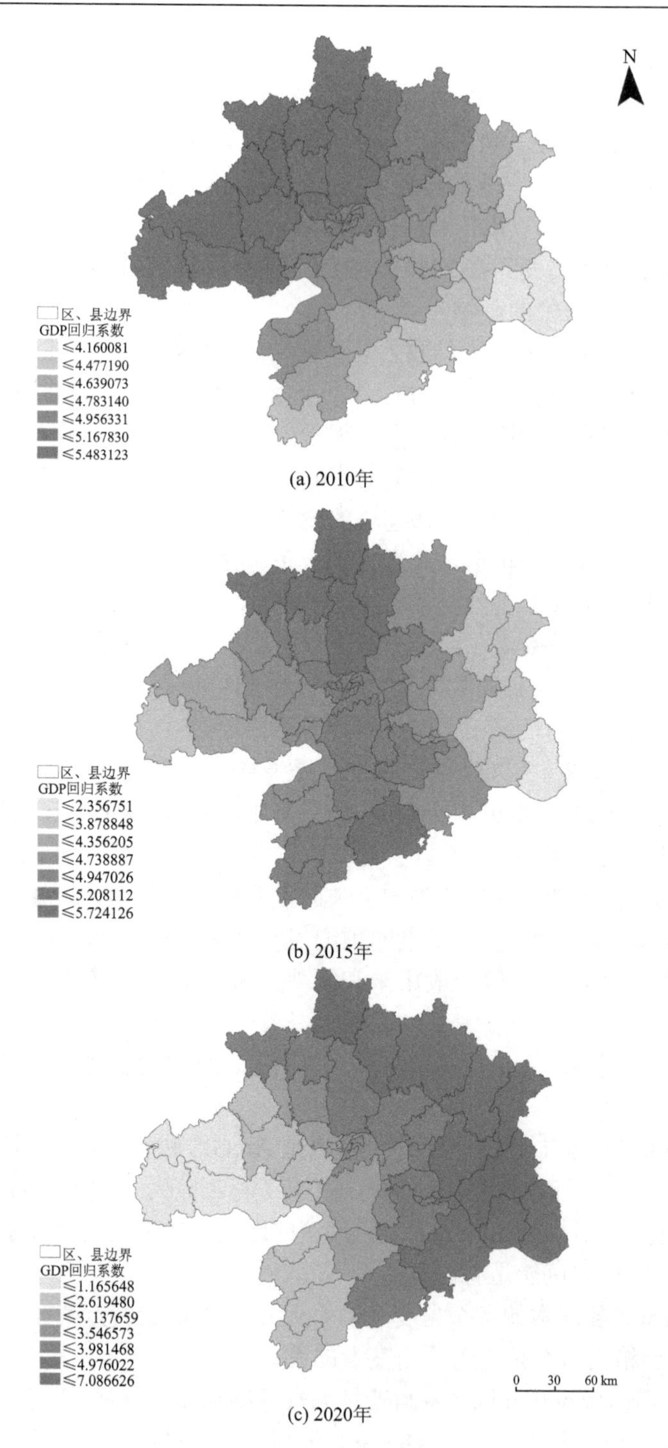

图 7-19　GDP 对房价的影响分布

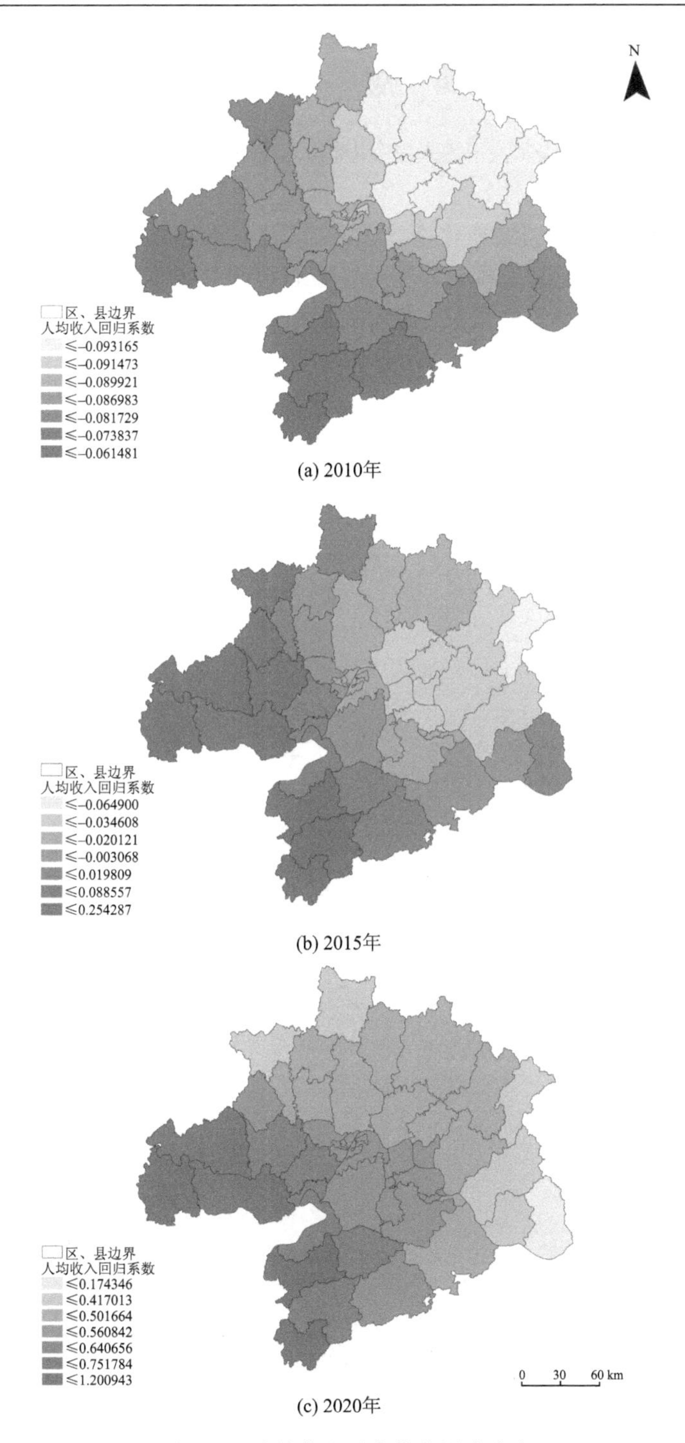

(a) 2010年

(b) 2015年

(c) 2020年

图 7-20 人均收入对房价的影响分布

7.6 思 考 题

（1）请结合该研究区经济、人文等因素，分析影响因素为何会在时空格局上对房价变化的影响呈异质性？

（2）如果仅仅是根据城镇化率、GDP 以及人均收入与房价之间的影响进行 GWR 分析，自变量太过于单一，相关性未必很强。请你试着将影响房价的自变量换为该区域的房地产投资水平（政府对房地产行业的投资量）、产业结构（第二产业 GDP 与第三产业 GDP 之比）、公共设施数量（学校、医院、商场数量等），并进行 GWR 分析。

第四篇　空 间 模 拟

第8章　水文分析与模拟

8.1　理论基础

8.1.1　理论概述

随着城市化进程的加快，水资源问题愈发成为社会发展的主要矛盾之一。作为水资源问题的典型表现之一，洪涝灾害越来越成为威胁和制约全球季风区域民生福祉保障和社会可持续发展能力的重要因素。洪涝灾害包括洪水灾害和雨涝灾害两类。其中，由于强降雨、冰雪融化、冰凌、堤坝溃决、风暴潮等原因引起江河湖泊及沿海水量增加、水位上涨而泛滥以及山洪暴发所造成的灾害称为洪水灾害；汛期中出现的短时期内的暴雨或长时期连续降雨，会造成大量的地表径流，因排水不及时而造成的灾害称为雨涝灾害。近年来，全球气候稳定性日益降低，异常现象日趋严重，在快速城市化进程与全球变暖大背景下，极端破坏性灾害爆发频率持续攀升。根据国际红十字会和红新月会对世界灾害的统计，从发生次数、受灾人口、直接经济损失等方面来看，洪涝灾害是当前世界范围内最严重的自然灾害类型。据统计，中国是受洪涝灾害影响的典型国家，依据世界卫生组织紧急事件数据库中的相关资料，近百年来全球影响程度最大的洪涝灾害有70%发生在中国，中国2019年因洪涝灾害造成的直接或间接经济损失逾710亿元，造成大量的人员伤亡和财产损失，并对生态环境保护及可持续发展造成严重阻碍。伴随着中国综合国力的不断提升，中国在灾害预警、防灾减灾、灾害救援等方面的能力日渐提高，这也要求采用科学的空间分析和地理信息技术方法，对由暴雨引发的水文变化和洪水淹没过程进行合理的系统仿真和时空变化模拟。

地理信息科学和空间分析为水文变化和洪水淹没过程分析提供了重要的技术工具，通过运用GIS空间分析中的水文分析方法进行洪水淹没过程模拟，可以实时、快速、全面地获取洪涝灾害影响范围、发展趋势及其时空变化等特征。通过分析得出的洪水淹没过程模拟结果可为当地农业、应急管理、自然资源等相关职能部门因地制宜地开展暴雨洪涝预警、防洪调度决策、防灾减灾规划等工作提供科学的参考依据。

8.1.2　基本原理

洪水淹没过程模拟主要包括集水区提取、暴雨强度测算、径流系数测算、出口流量测算、流速与水深模拟、淹没范围识别等六个步骤，过程中涉及的主要参数有流量、流速、水深、暴雨强度等。

（1）集水区提取包括填洼分析、流向分析、流量测算、河流链接、河网分级等步骤。①填洼分析的目的在于通过填充表面栅格中的汇来移除数据中一些小的瑕疵与缺陷，对原始 DEM 数据进行填洼分析，消除数据中的凹陷点。②流向分析的原理是通过确定从栅格中的每个像元流出的方向来获取表面的水文特征，其基本原理是通过输入一个无凹陷点的 DEM，创建从每个像元到其最陡下坡相邻点的流向的栅格，生成可能的流向组合方式，并以 2 的 n 次方来标记 8 个方向，若结果是一个连续像元值，表明其实质是产生了 8 个方向以外的数值。③流量测算的基本原理是累计每个流向栅格的总数，是一个空间范围概念，流量统计的实际意义在于在达到一定流量值时会产生地表径流，在径流达到一定值时成为常规的河流，因此在流量统计之后，必须要对统计的栅格数据进行重分类和筛选。④河流链接分为外链和内链，没有河流汇入的链接是外链，有其他水系汇入的河流是内链；交互点也分为河源、节点和出口，分别对应外链的起点、内链的起点、树状河网的最低点。河流链接是利用统计后的栅格数据与流向数据，连接一个像元点，利用流向判断出不同的河流，并把像元点连接成线，链接之后离散的像元会被串联起来，形成独立的河流，其中，参数 in_stream_raster 表示线性河流网络的输入栅格；参数 in_flow_direction_raster 是根据每个像元来显示流向的输入栅格。⑤ArcGIS Pro 软件的河网分级工具中包含两种分级方法，即斯特拉勒分级和施里夫分级，而分析工具中默认使用的是斯特拉勒分级法。在斯特拉勒分级中，当级别相同的河流交汇时，河网分级将升高；级别不同的两条连接线相交不会使级别升高，但会保留最高级连接线的级别。因为此方法只在同级相交时才会提高级别，所以它并不考虑所有连接线，且会对连接线的添加和移除非常敏感。在施里夫分级中所有外连接线都被分为 1 级，但对于施里夫法中的内连接线，级别是增加的。

（2）暴雨强度测算采用暴雨强度公式来完成。暴雨强度公式是反映降雨规律、指导区域排水防涝工程设计和相关设施建设的重要参考依据。根据实验区域的暴雨强度计算公式和长期的降雨统计资料进行暴雨强度测算：

$$q = \frac{A(1 + c \times \lg P)}{(t + b)^n} \tag{8-1}$$

其中，q 为暴雨强度，单位为 L/（s • hm^2）；P 为重现期，单位为 a；A、b、c、n 为与区域暴雨特性有关且需求解的参数；t 为降雨历时，单位为 min；n 为暴雨衰减指数。

（3）径流系数测算通过结合土地利用数据，对照径流系数参照表，依据不同土壤类型选取。不同的土壤类型具有不同的径流系数，径流系数参照表 8-1。

表 8-1 径流系数参照表

级别	土壤名称	径流系数
1	无缝岩石、沥青面层、混凝土层、冻土、重黏土、冰沼土、沼泽土、沼化灰壤（沼化灰化土）	1
2	黏土、盐土与碱土、龟裂地、水稻土	0.85
3	壤土、红壤、黄壤、灰化土、灰钙土、漠钙土	0.8
4	黑钙土、黄土、栗钙土、灰色森林土、棕色森林土（棕壤）、褐色土、生草沙壤土	0.7
5	沙壤土、生草的沙	0.5
6	沙	0.35

（4）出口流量测算是在设计暴雨量的前提下，测算选定的典型微流域的出口断面流量，其计算公式为

$$Q = 0.278xqS \tag{8-2}$$

其中，Q 为该典型微流域汇水量，单位为 m^3/s； x 为综合径流系数；q 为暴雨强度，单位为 L/（s • hm^2）；S 为子流域汇水面积，单位为 km^2。

（5）在流速与水深模拟之前，需对坡降进行计算。坡降（即纵比降），其含义是高程随河道下降的趋势，计算公式为

$$\left(H_1 - H_2\right)/L \tag{8-3}$$

其中，H_1 起点为河道的最高点高程；H_2 起点为河道的最低点高程；L 为河道的弯曲长度。

其次，采用曼宁-谢才经验公式来计算流速与水深，其公式为

$$V = \frac{R^{\frac{2}{3}} \times I^{\frac{1}{2}}}{n} \tag{8-4}$$

$$H = \left(Q \times \frac{n}{I^{\frac{1}{2}}}\right)^{\frac{2}{3}} \tag{8-5}$$

其中，V 为流速；I 为河槽坡降；R 为水力半径，单位为 m，$R = F / B$；F 为过水断面面积，单位为 m^2；B 为湿周长，单位为 m；n 为平均糙率系数；H 为水深，单位为 m；Q 为断面流量，单位为 m^3/s，$Q = VFt$；t 为单位时间，单位为 s。

（6）通过对水深和基础高程的分析进行淹没范围识别，对洪水淹没过程模拟分析结果（即淹没范围识别结果）进行可视化展示，得出降雨量增加可导致水位上涨速率加快、淹没范围空间扩张以及淹没趋势出现等特征。

8.2　实 验 目 的

（1）熟悉水文分析方法的基础理论和基本原理。

（2）掌握使用 ArcGIS Pro 软件进行洪水淹没过程分析的基本步骤、计算方法和计算过程。

（3）掌握使用 ArcGIS Pro 软件进行地理数据可视化的基本方法和原理。

（4）熟悉水文分析方法体系中流域划分、雨量计算、径流分析等步骤的基本思想。

8.3　实验场景与数据

8.3.1　实验场景

随着全球气候变化加剧和城市化水平的快速发展，洪涝灾害已成为影响区域经济社会发展的重要自然灾害之一，无论是在中国还是在其他国家，洪涝灾害的防灾减灾问题在国家、城市发展及学术研究等各层面上均引起了广泛关注和高度重视。辨析城市洪涝灾害特性、探究相关理论方法并进行示范和应用，可为风险应对和管理提供参考和依据，对国民生命财产安全的保障、社会的稳定及快速发展、人民群众洪涝风险意识的提高、城市洪涝风险评估基础理论和技术方法体系的丰富与规范具有重要意义。由于不同区域的城市洪涝灾害特性存在差异，深入对城市洪涝灾害及其风险的内涵进行研究，借助风险评估相关的规范标准对风险评估流程进行划分，可加深对风险评估相关概念的理解和认识。为此，本实验采用水文分析中的相关方法，进行城市中洪水淹没风险评估。

8.3.2　实验数据

本实验需要用到的数据包括数字高程模型（DEM）数据、土地利用数据、降雨参数数据等，分别通过在相关网站上申请下载，具体如下：①数字高程模型（DEM）数据，来源于美国国家航空航天局的阿拉斯加卫星设备（Alaska Satellite Facility，ASF）；②土地利用数据，来源于全球 30m 地表覆盖遥感数据产品 GlobeLand 30；③降雨参数数据，来源于气象服务部门公布的《暴雨强度公式与设计雨型标准》。

8.4　实验内容与流程

本实验以模拟洪水淹没过程分析为目的，运用 DEM 数据、土地利用数据、研究区历史水情数据等基础数据集，结合暴雨径流汇水过程，运用 ArcGIS Pro，依次通过集水区提取、暴雨强度计算、径流系数计算、出口流量计算、流速计算、水深计算等步骤的分析和计算，实现暴雨径流量、流速和水深参数的模拟和分析。实验流程如图 8-1 所示。

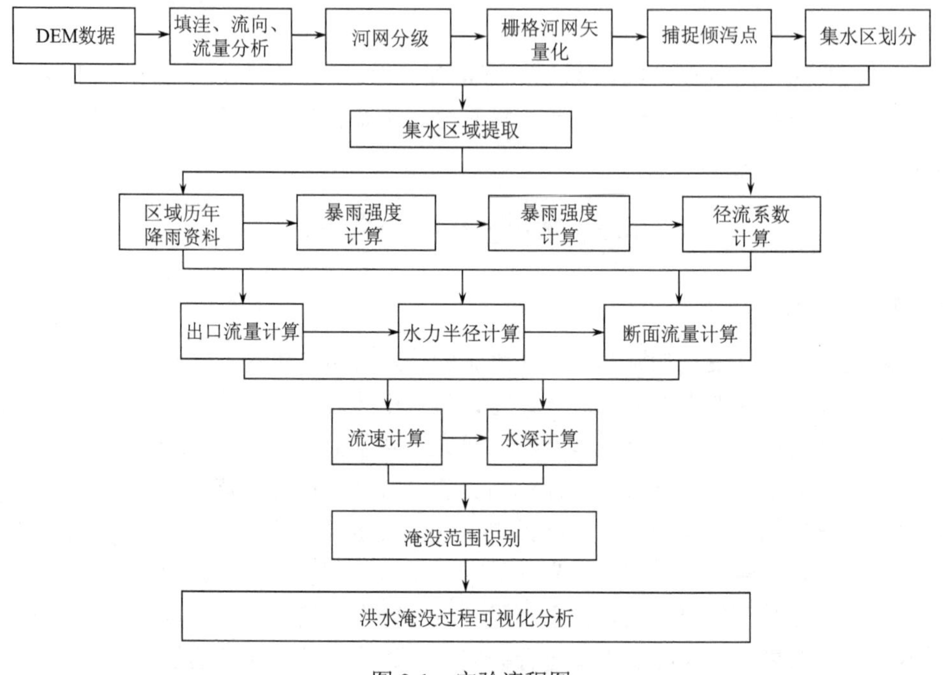

图 8-1　实验流程图

8.5　实验步骤

本实验选择受洪涝灾害威胁较大的湖北省黄石市大冶市及其周边区域为研究区。实验的操作过程共分为集水区域提取、暴雨强度测算、径流系数测算、出口流量测算、流速与水深模拟、淹没范围识别六个部分。

8.5.1　软件工具

实验操作过程中主要使用到的软件是 ArcGIS Pro。ArcGIS Pro 是一个全面的系统，用户可用其来收集、组织、管理、分析、交流和发布地理信息。ArcGIS Pro 目前已经被广泛应用于地理信息科学、资源环境科学、城市规划学、管理学、空间计量学等领域的研究和实践中。

8.5.2　集水区域提取

为提取出集水区域，首先需要提取出研究区的范围边界；其次，进行填洼、流向、流量、河网提取、河流链接、河流分级、河网矢量化、提取河口、捕捉倾泻点、集水区域提取等步骤的分析，划分出微流域。具体的操作过程如下。

1. 研究区的提取

1）按掩膜提取研究区范围

为在下载的原始 DEM 影像数据中提取出研究区的范围，在 ArcGIS Pro 软件中，选择【工具箱】→【Spatial Analyst 工具】→【提取分析】→【按掩膜提取】工具，以下载到的原始 DEM 影像数据作为输入数据，以研究区矢量图层作为输入要素掩膜数据，提取研究区的 DEM 数据。提取得到的实验范围如图 8-2 所示。

图 8-2* 研究区 DEM

2）填洼分析

在进行水文分析之前，需对 DEM 数据进行填洼分析处理。在 ArcGIS Pro 软件中，选择【工具箱】→【Spatial Analyst 工具】→【水文分析】→【填洼】工具，此步骤的目的在于通过填充表面栅格中的凹陷点来移除数据中的小缺陷。以研究区 DEM 数据为输入数据，Z 限制为默认值即可，设置输出路径，运行得出的填洼计算结果如图 8-3 所示。

3）流向分析

在 ArcGIS Pro 软件中，选择【工具箱】→【Spatial Analyst 工具】→【水文分析】→【流向】工具，以填洼后 DEM 数据为输入数据，设置输出流向栅格数据路径，流向类型选 D8，运行工具即提取得到 DEM 流向数据。运行得出的流向计算结果如图 8-4 所示。

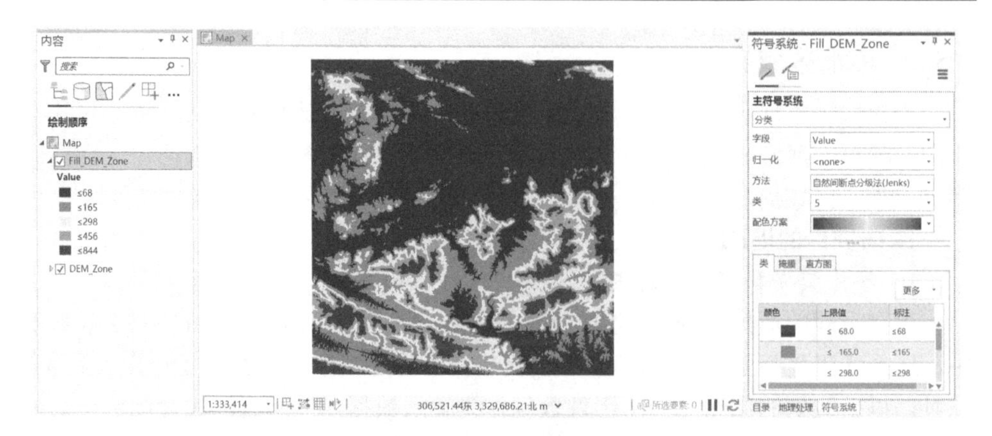

图 8-3* 填洼分析结果

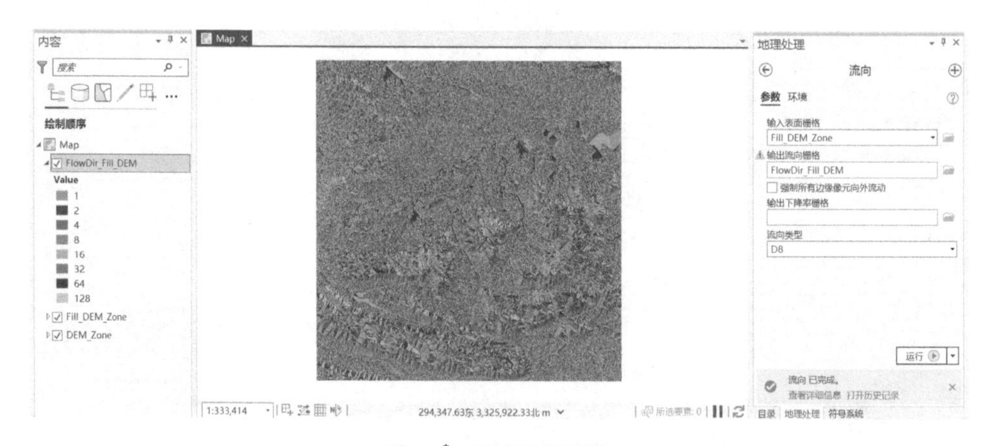

图 8-4* 流向分析结果

4）流量分析

在 ArcGIS Pro 软件中，选择【工具箱】→【Spatial Analyst 工具】→【水文分析】→【流量】工具，以流量作为输入数据，设置输出流向栅格数据路径，输出数据类型选择 FLOAT（浮点型）型，流向类型为 D8，其他参数为默认值，运行工具即可提取流量结果。

5）河网提取

在 ArcGIS Pro 软件中，选择【工具箱】→【Spatial Analyst 工具】→【数学分析】→【逻辑运算】→【大于等于】工具，以河流流量作为输入数据，因不同地区的自然条件不同，提取河网的阈值也不尽相同，结合研究区实际，这里的阈值选取为 10000。提取得到栅格河网如图 8-5 所示。

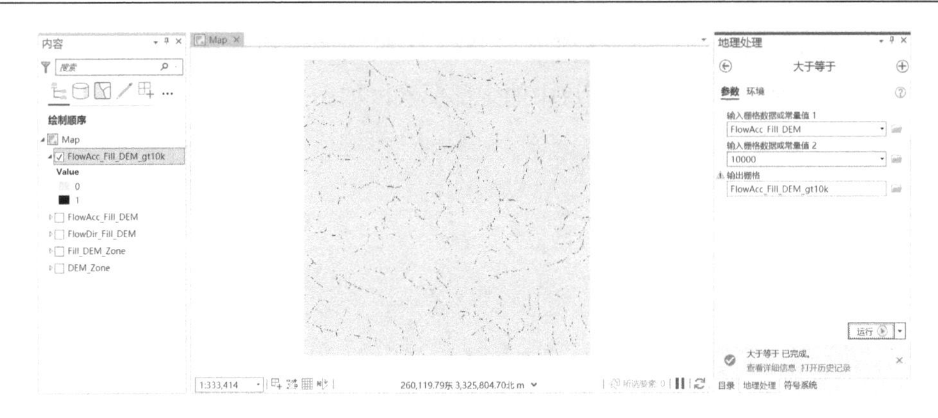

图 8-5　河网提取结果

6）河流链接

在 ArcGIS Pro 软件中，选择【工具箱】→【Spatial Analyst 工具】→【水文分析】→【河流链】工具，以栅格河网作为输入数据，同时输入流向栅格数据，设置输出路径，运行工具即完成对河流的分级，得出河流链接计算结果。

7）河网分级

在 ArcGIS Pro 软件中，选择【工具箱】→【Spatial Analyst 工具】→【水文分析】→【河网分级】工具，以河流链接结果作为输入数据，同时输入流向栅格数据，设置输出路径，河网分级的方法选择“放射状/发射状”，运行工具即完成对河流的分级，得出河网分级结果。

8）栅格河网矢量化

在 ArcGIS Pro 软件中，选择【工具箱】→【Spatial Analyst 工具】→【水文分析】→【栅格河网矢量化】工具，以河网分级结果作为输入数据，同时输入流向栅格数据，设置输出路径，勾选简化折线，运行工具即得到矢量河网。矢量化后的栅格河网如图 8-6 所示。

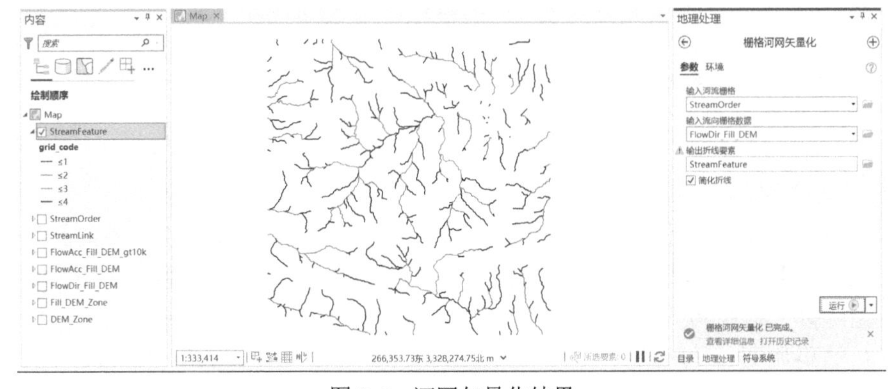

图 8-6　河网矢量化结果

在矢量化后的河流网络图层上点击鼠标右键，选择“打开属性表”，打开属性表后，点击“切换”，选择此图层中的全部要素，如图 8-7 所示。

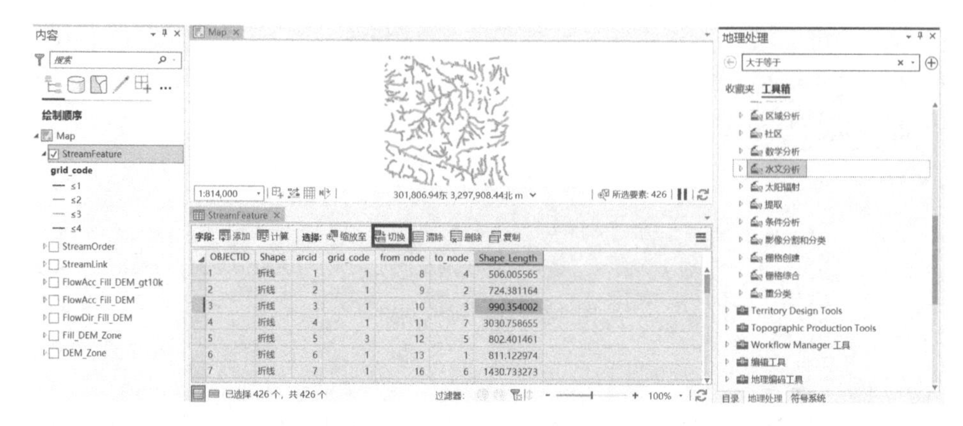

图 8-7　选择河网图层全部要素

选择【制图工具】→【制图综合】→【平滑线】工具，以河网数据作为输入要素，平滑算法选择“指数核的多项式近似（PEAK）”，平滑误差选择 4 米，选择不检查拓扑错误，平滑处理后的河流网络如图 8-8 所示。

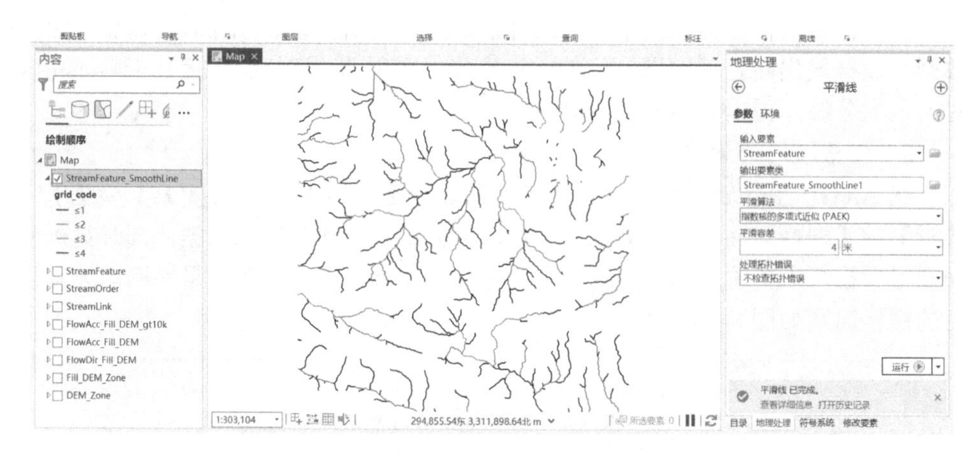

图 8-8　平滑处理后的河流网络

9）河口提取

在 ArcGIS Pro 软件中，选择【工具箱】→【数据管理工具】→【要素】→【要素折点转点】工具，以平滑处理后的矢量河网作为输入数据，设置输出折点路径，点类型选择“端折点”，运行工具即可提取到可能的河口（即出水口），提取得出的河口结果如图 8-9 所示。

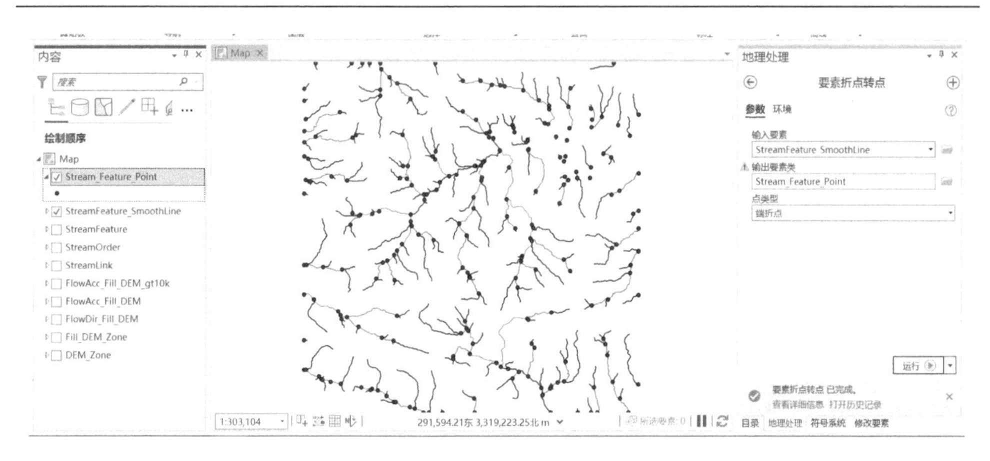

图 8-9　河口提取结果

10）倾泻点捕捉

在 ArcGIS Pro 软件中，选择【工具箱】→【Spatial Analyst 工具】→【水文分析】→【捕捉倾泻点】工具，以河口提取结果作为输入数据，倾泻点字段为默认的“arcid”，蓄积栅格数据即为流量数据，设置输出路径，捕捉距离选择 4000，运行得出倾泻点捕捉结果。

11）集水区域提取

在 ArcGIS Pro 软件中，选择【工具箱】→【Spatial Analyst 工具】→【水文分析】→【集水区】工具，以流向数据为输入数据，同时输入倾泻点数据，设置输出路径，运行工具得到的集水区域计算结果如图 8-10 所示。

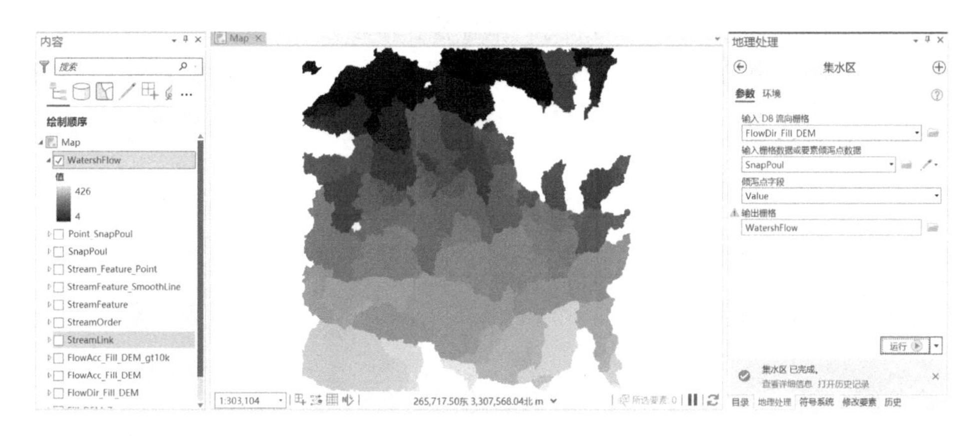

图 8-10　集水区域提取结果

因为在选取实验范围时，将原始的多景 DEM 数据进行了镶嵌与切割，所以并非实验区域内的全部栅格都会被提取为集水区域，未被提取为本实验中集水区域的栅格，有可能与研究范围周边区域形成一类集水区。本实验中以所选矩形范围内的区域为研究区，因此只考虑提取为集水区的栅格，但这并不影响本实验的集水区域提取步骤的合理性。

将生成的栅格集水区域转换成矢量格式，选择【转换工具】→【由栅格转出】→【栅格转面】工具，输入集水区域栅格数据，选择输出路径，转换生成的矢量数据如图 8-11 所示。

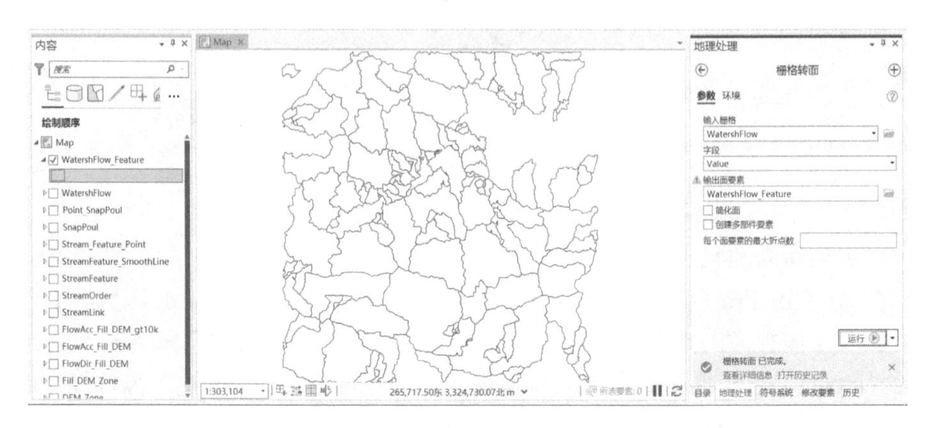

图 8-11　矢量格式的集水区域

2. 微流域的划分

通过以上步骤即可得出实验区域范围内的河网、流向、流量、河口、倾泻点、集水区域等信息，在此基础上，对研究区内的流域进行划分。采用 ArcGIS Pro 软件中的盆域分析方法进行流域的划分，具体操作步骤如下。

（1）在 ArcGIS Pro 软件中，选择【转换工具】→【由栅格转出】→【栅格转点】工具，将倾泻点转换为矢量格式，转换后的倾泻点分布如图 8-12 所示。

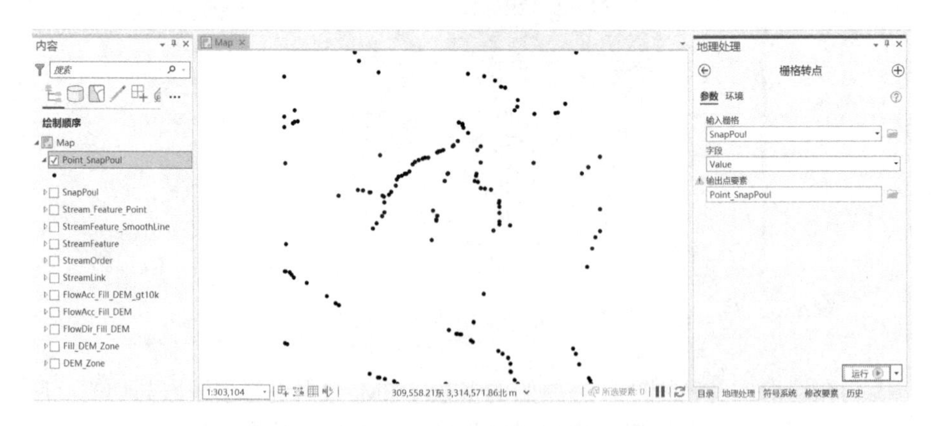

图 8-12　倾泻点转点要素

（2）在 ArcGIS Pro 软件中，选择【Spatial Analyst 工具】→【水文分析】→【盆域】工具，用以选择合适的微流域范围。选择流向数据作为输入数据，选择输出路径，得出的盆域分析结果如图 8-13 所示。

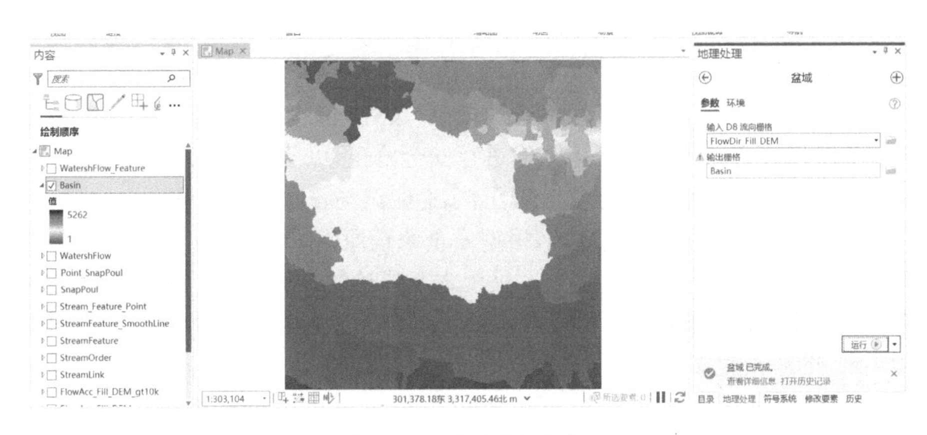

图 8-13　盆域分析结果

（3）在 ArcGIS Pro 软件中，选择【转换工具】→【由栅格转出】→【栅格转面】工具，将栅格流域数据转换为矢量要素数据，以便进行后续的淹没分析。结合盆域分析结果和集水区域提取结果，划分实验区范围内的子流域；根据盆域分析结果，通过【数据管理工具】→【制图综合】→【融合】工具将集水区域划分为三个子流域，划分出的子流域结果如图 8-14 所示。

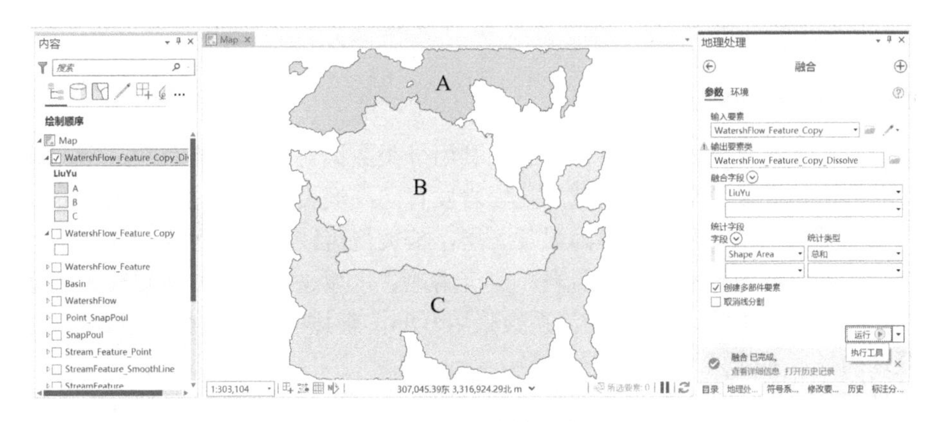

图 8-14　子流域划分结果

8.5.3　暴雨强度测算

在对集水区域和微流域进行划分后，需要对研究区的暴雨强度进行测算。依据湖北省气象服务中心制定的黄石市暴雨强度公式参数标准，采用式（8-6）所示的暴雨强度计算公式计算实验案例区暴雨强度：

$$q=\frac{33.872(1+0.6\lg P)}{(t+21.86)^{0.881}} \tag{8-6}$$

其中，q 为暴雨强度，单位为 L/（s • hm^2）；P 为重现期，单位为 a；t 为降雨历时，单位为 min。

依据《水利水电工程设计洪水计算规范》（SL 44—2006）的规定，分析洪水淹没过程时应对初始暴雨强度计算值进行安全修正，以此来保证水利工程的安全。若 σ 为设计数值的标准差，则安全修正值 Δ 应该与 σ 成正比，即 $\Delta=a\times\sigma$，其中，a 为可靠系数，一般取值 0.7。根据安全修正原则，结合《中国暴雨参数统计图集》查取变差系数 Cv 和均值 X。采用本节描述的计算方法，选定 50、100 两个洪涝灾害重现期，分析在 6 种特定的 P、t 组合下不同降雨历时（60min、360min、1440min）的暴雨强度，结果如表 8-2 所示。

表 8-2　暴雨强度测算结果

情景模式	暴雨公式值/mm	变差系数 Cv	均值 X	可靠系数	修正后暴雨量/mm
P=50a,t=1h	84.68263618	0.45	40	0.7	97.28263618
P=50a,t=6h	130.8290689	0.55	70	0.7	157.7790689
P=50a,t=24h	160.3761632	0.55	100	0.7	198.8761632
P=100a,t=1h	92.25683866	0.45	40	0.7	104.8568387
P=100a,t=6h	142.5307105	0.55	70	0.7	169.4807105
P=100a,t=24h	174.7205624	0.55	100	0.7	213.2205624

8.5.4　径流系数测算

测算出暴雨强度后，需要依据土地利用分类数据对综合径流系数进行测算。本实验选取的湖北省黄石市区域为花岗岩发育的红壤类型，经过长期改造的农田地区为水稻土类型，建成区视为混凝土层，植被覆盖较好的地区视为森林土。因此结合不同土壤的径流系数参照表，建筑用地、水域、道路及其他硬质人造地表的径流系数采用 1.0，农田的径流系数采用 0.85，森林的径流系数采用 0.7，草地和湿地的径流系数采用 0.5。

然后，将土地利用分类数据与子流域划分结果进行空间叠合，统计上述选取的各子流域内各类用地的占比大小，以此计算得到各子流域的综合径流系数。具体计算过程如下：在 ArcGIS Pro 软件中，选择【Spatial Analyst 工具】→【水文分析】→【按掩膜提取】工具提取出各子流域范围内的土地利用分类图，提取出的结果如图 8-15 所示。

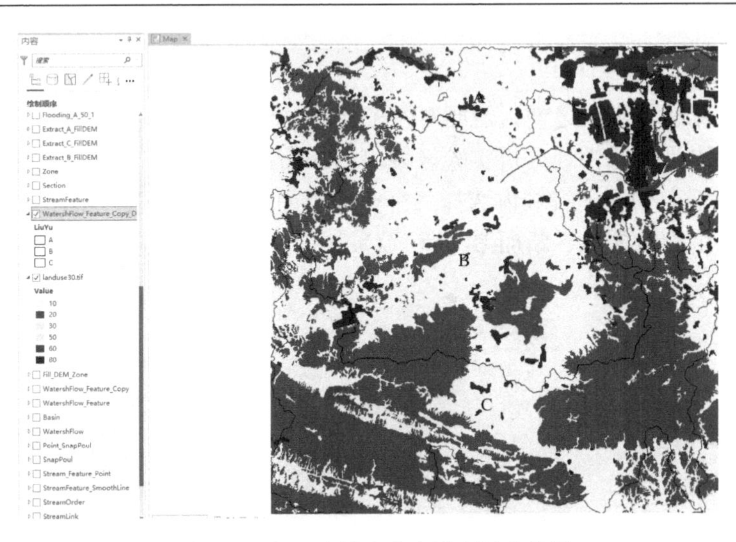

图 8-15　各子流域内的土地利用分类图

计算得出各种土地利用类型的径流系数后，采用面积加权平均法计算各子流域内的综合地表径流系数。具体结果如表 8-3 所示。

表 8-3　径流系数测算结果

径流系数		土地利用分类						综合径流系数
		农田	森林	草地	湿地	水体	人造地表	
		0.85	0.7	0.5	0.5	1.0	1.0	
地类面积/km^2	子流域 A	117.2223	31.9779	0.3915	0.0027	1.4877	39.4011	0.8563
	子流域 B	269.2287	124.4799	0.2889	0.5544	5.6934	18.7101	0.8135
	子流域 C	155.7747	282.3021	0.1071	0	6.7104	7.1406	0.7608

8.5.5　出口流量测算

依据式（8-2）计算得出的出口流量结果如表 8-4 所示。

表 8-4　出口流量计算结果

情景模式	流域 A	流域 B	流域 C
P=50a,t=1h	4411.224	9216.938	9301.292
P=50a,t=6h	7154.399	14948.61	15085.42
P=50a,t=24h	9017.922	18842.31	19014.75
P=100a,t=1h	4754.671	9934.548	10025.47
P=100a,t=6h	7685.003	16057.27	16204.22
P=100a,t=24h	9668.36	20201.35	20386.23

8.5.6　流速与水深模拟

在模拟流速与水深之前，需要对各子流域的坡降进行计算。采用式（8-3）计算坡降。为更具针对性地分析实验区域出口断面过水能力和受长时间强降雨的影响状态，分别在三个子流域内选择三个典型断面进行分析（图 8-16），依次将这三个断面记录为断面 A、断面 B、断面 C。

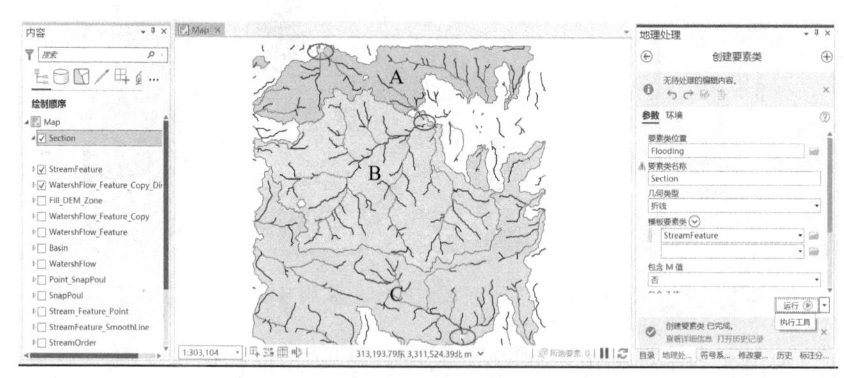

图 8-16　子流域断面

选择断面后，在 ArcGIS Pro 软件中进行剖面分析，分析对象选择填洼后的 DEM 数据。具体的操作步骤如下。

依据断面区域的实际特征，结合相关资料，得出断面 A 的坡降约为 5.80%，断面 B 的坡降约为 12.46 %，断面 C 的坡降约为 14.96 %。

结合研究区的实际情况及河滩糙率（表 8-5），研究区的坡降大，流域面积小，旱季时，沟谷中并没有水流，河槽不足以泄洪，因此河滩也将被淹没；此外，研究区河谷长有中等密度的植物，并部分被垦为耕地，河谷平缓。结合以上相关特征，糙率取 0.1。

表 8-5　河滩糙率表

滩地特征	糙率
50%蔓生杂草的河滩	0.115～0.09；平均水深 1～2m
长有中等密度植物或垦为耕地的河滩，平面不够顺直，下游有束水影响，滩甚宽	0.10～0.077
长满中密度杂草及农作物，平面尚顺直，纵面横面起伏不平，有洼地土埂等	0.12～0.08
长有中密度杂草，间有灌木丛，平面顺直，纵横起伏不大，下又有石滩控制	0.12～0.07；夏汛；平均水深 0.6～3m 0.05～0.04；春汛；平均水深 0.7～1.5m

采用式（8-4）和式（8-5）计算流速和水深。基于断面区域的实际情况，结合相关资料，模拟不同情景下三个断面的流速和水深结果，如表 8-6 所示。

表 8-6　流速和水深模拟结果

断面	情景模式	水力半径/m	最大流量/（m^3/s）	流速/（m/s）	水深/m
子流域 A	P=50a,t=1h	0.0828	4411.2236	0.4574	0.5922
	P=50a,t=6h	0.1781	7154.3986	0.7624	1.4822
	P=50a,t=24h	0.2472	9017.9221	0.9486	2.2990
	P=100a,t=1h	0.0902	4754.6714	0.4574	0.6455
	P=100a,t=6h	0.1942	7685.0027	0.7624	1.6156
	P=100a,t=24h	0.2695	9668.3604	0.9486	2.4830
子流域 B	P=50a,t=1h	0.1016	9216.9385	0.7698	1.0723
	P=50a,t=6h	0.1832	14948.6078	1.1403	2.1538
	P=50a,t=24h	0.2765	18842.3077	1.5005	3.4957
	P=100a,t=1h	0.1107	9934.5481	0.7698	1.1688
	P=100a,t=6h	0.1997	16057.2672	1.1403	2.3476
	P=100a,t=24h	0.3014	20201.3523	1.5005	3.7753
子流域 C	P=50a,t=1h	0.0995	9301.2916	0.8314	1.1171
	P=50a,t=6h	0.1802	15085.4170	1.2355	2.2951
	P=50a,t=24h	0.2994	19014.7519	1.7333	4.2677
	P=100a,t=1h	0.1074	10025.4688	0.8314	1.2176
	P=100a,t=6h	0.1946	16204.2228	1.2355	2.5017
	P=100a,t=24h	0.3233	20386.2344	1.7333	4.6091

8.5.7　淹没范围识别

在 ArcGIS Pro 软件中，选择【Spatial Analyst 工具】→【提取分析】→【按掩膜提取】工具，分别选择流域划分结果 shp 图层中的三个子流域，提取出 A、B、C 三个子流域内的 DEM 图层（图 8-17）。

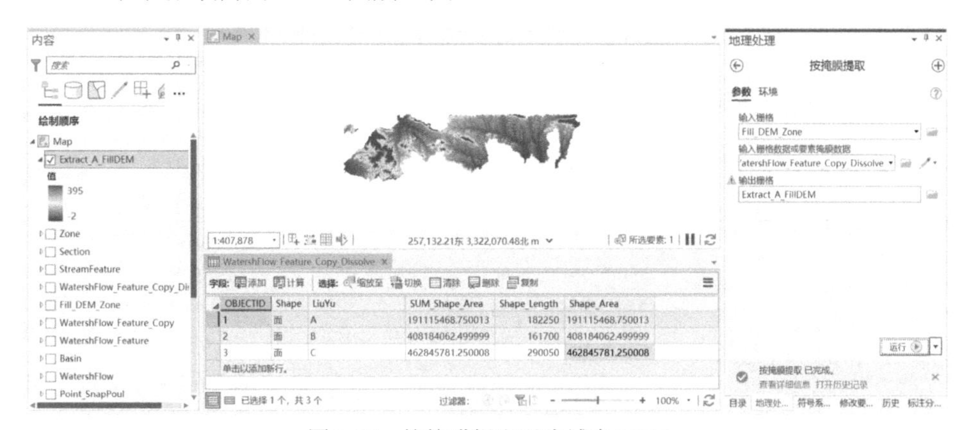

图 8-17　按掩膜提取子流域内 DEM

使用 ArcGIS Pro 软件的【栅格计算器】工具进行淹没分析，操作过程如下：选择【Spatial Analyst 工具】→【地图代数】→【栅格计算器】工具，编辑如图 8-18 所示的计算公式。

图 8-18　栅格计算器编辑计算公式

此公式运算完成后，将生成各情景模式下三个子流域的淹没范围 DEM 数据。在此步骤中，分别计算在六种情景下三个子流域的淹没水深值，此淹没水深值即为栅格计算器里计算公式的阈值，为出口断面高程加上淹没水深，结果如表 8-7 所示。

表 8-7　淹没高程阈值

断面	情景模式	淹没高程阈值/m
子流域 A	P=50a,t=1h	10.59224618
	P=50a,t=6h	11.48219521
	P=50a,t=24h	12.29902933
	P=100a,t=1h	10.64554834
	P=100a,t=6h	11.61559278
	P=100a,t=24h	12.48295167
子流域 B	P=50a,t=1h	8.072311012
	P=50a,t=6h	9.153798499
	P=50a,t=24h	10.49568125
	P=100a,t=1h	8.168819003
	P=100a,t=6h	9.347640363
	P=100a,t=24h	10.77533575
子流域 C	P=50a,t=1h	17.11707082
	P=50a,t=6h	18.29511701
	P=50a,t=24h	20.267715
	P=100a,t=1h	17.21760719
	P=100a,t=6h	18.50167754
	P=100a,t=24h	20.6091322

为了更显著地展示洪水淹没范围的扩散过程，将上述步骤中计算得出的水深参数统一加 15m 后进行淹没范围的可视化展示。

将各种情景下的淹没范围图层加载到 DEM 上，效果如图 8-19 所示。

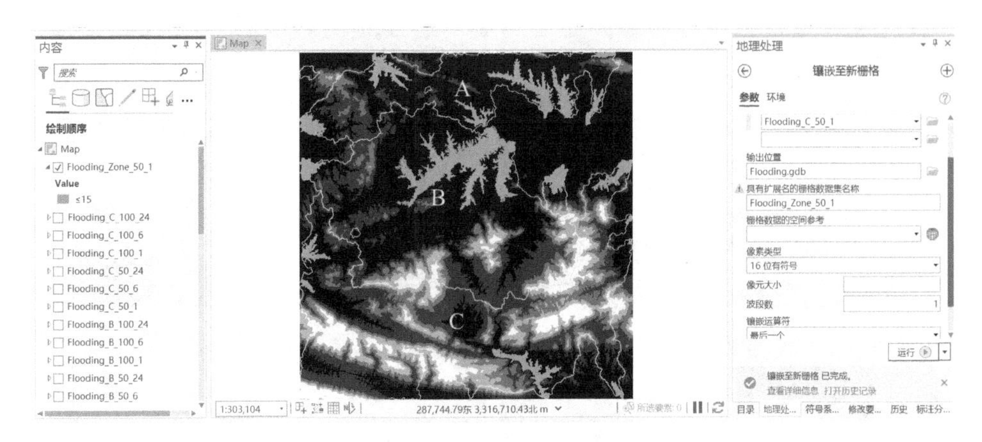

图 8-19　创建淹没范围图层（以情景一为例）

选择【数据管理工具】→【栅格】→【栅格数据集】→【镶嵌至新栅格】工具，将同一情景下三个子流域的淹没范围合并为一个图层。最终，得出六种情景下洪水淹没范围模拟结果，如图 8-20 所示。

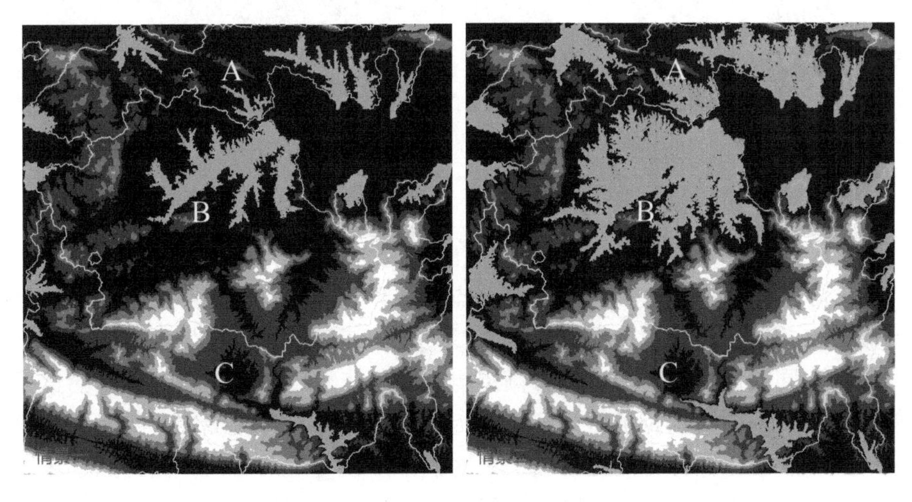

图 8-20　六种情景下的洪水淹没范围

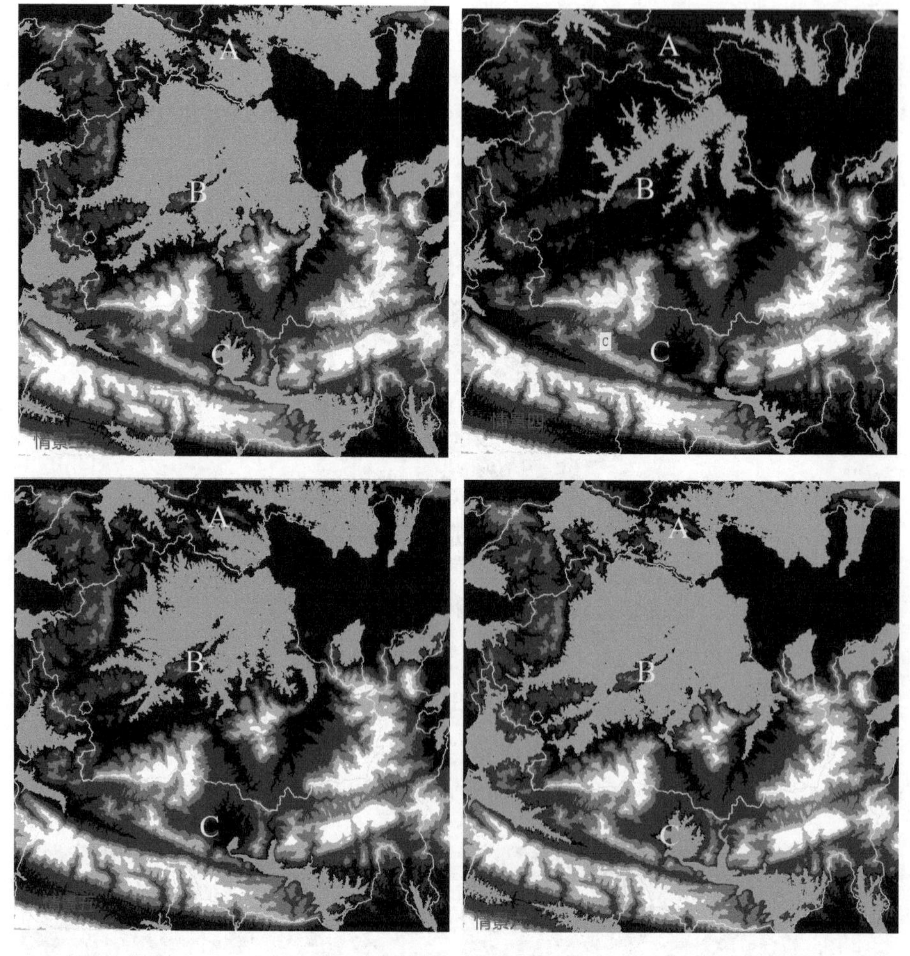

图 8-20（续）

8.6　思　考　题

（1）在集水区域提取过程中，倾泻点捕捉步骤中的“捕捉距离选择”直接关系到倾泻点的捕捉结果，进而对集水区域以及子流域的划分产生重要的影响，请尝试使用不同的捕捉距离分析多种倾泻点分布、集水区域和子流域划分的结果，并总结不同大小的捕捉距离对倾泻点捕捉、集水区域和子流域划分的影响规律。

（2）本实验主要探讨的是区域地形对洪水淹没过程的影响。然而，近年来，城市内涝已经成为备受关注的区域不确定性灾种之一，请思考在分析城市城区内部的洪水淹没过程中，除了要考虑地形和土地利用等典型的致洪因素外，还应考虑哪些因素？可以采用何种途径将这些因素应用于水文分析和洪水淹没过程分析的方法体系之中？

第9章　土地利用变化时空模拟与预测

9.1　理 论 基 础

9.1.1　理论概述

元胞自动机（cellular automata，CA）模型功能强大，利用它能够进行空间建模，并且通过运算来模拟复杂系统的时空变化。元胞自动机呈离散状态，是由空间尺度、时间尺度和状态等构成的复杂动力模型，所有离散的元胞都可以根据一定的规则达到自我更新，并影响周围邻域的元胞，一定局域内的元胞再根据这些规则去影响全局，从而达到持久更新。这种由“局部”到“全局”的“自下而上”变化模式，符合自然的动态演变。利用 CA 模拟的最终结果和实际变化情况比较接近。马尔可夫（Markov）模型是一种用于随机过程系统的预测和优化控制问题的模型，研究的对象是事物的状态及状态的转移，它通过对各种不同状态初始占有率及状态之间转移概率的研究来确定系统发展的趋势，从而达到对未来系统状态预测的目的。通过 CA 模型和 Markov 模型的结合，在同是离散的时间、状态下，构成动力学模型，相辅相成，有机地合成了 CA-Markov 模型。它既能利用 CA 模型模拟复杂系统变化，又能利用 Markov 模型进行长期预测。在本实验中，CA-Markov 根据不同的地域特点或自身研究需要，从不同的角度出发构建耦合模型去模拟土地类型在时间和空间上的变化，可以取长补短，从而揭示土地利用现状的特点和复杂的动态演变过程，并在此基础上准确预测其未来发展情形。

9.1.2　基本原理

1. 元胞自动机模型

元胞自动机不是由严格定义的物理方程或函数确定，而是通过制订一套简单易行的、多个模型组合而成的规则来构造的。一个标准元胞自动机可以用式（9-1）表示：

$$\mathrm{CA} = (L_d, S, N, f) \tag{9-1}$$

其中，L 为元胞方格网，每个网格单元是一个元胞，一般呈正方形结构，d 为 L 的维数（取任意整数），通常是一维或二维空间；S 为元胞有限的离散的状态集合；N 为某一元胞自身及其邻域内的所有元胞的状态组合；f 为转换规则，代表元胞从 t 到 $t+1$ 状态的改变。

2. Markov 模型

Markov 模型是由苏联数学家 Markov 提出的一种数量预测方法。该方法通过计算各个状态之间的转移概率，模拟未来时刻各要素的数量变化情况。在土地利用变化模拟研究中，Markov 过程的状态可表征为不同时刻的土地利用类型，其变化只与前一时刻的土地利用类型相关，可用式（9-2）表示：

$$S_{(t+1)} = P_{ij} S_{(t)} \tag{9-2}$$

其中，$S_{(t+1)}$ 为 $t+1$ 时刻的土地利用类型状态；$S_{(t)}$ 为 t 时刻的土地利用类型状态；P_{ij} 为转移矩阵，即为土地利用类型相互转换的面积或概率。P_{ij} 的基本分布为

$$P_{ij} = \begin{bmatrix} p_{11} & \cdots & p_{1n} \\ \vdots & \ddots & \vdots \\ p_{n1} & \cdots & p_{nn} \end{bmatrix} \tag{9-3}$$

3. CA-Markov 模型

CA 模型具有模拟复杂系统的强大能力，但它的作用原理主要考虑元胞自身及其周围邻域的局部效果，缺乏对人口、政策等宏观因素的全局认识。Markov 模型可有效模拟土地利用的数量变化，难以模拟土地利用的空间变化，且该模型假设影响土地利用变化的驱动力是不变的，但现实研究中土地利用时空演化受各种不同因素的影响。将 CA 和 Markov 有机结合形成的 CA-Markov 模型集成了 CA 模型的复杂空间动态系统的模拟能力和 Markov 模型时间序列预测的优势。将 Markov 模型所建立的土地利用类型转移概率矩阵作为 CA 模型的转换规则，以基期土地利用数据为起始状态，以元胞邻域、土地利用适宜性图集等作为依据，对土地利用进行时空模拟，可以有效地提升模型模拟的准确性。

9.2 实验目的

（1）理解元胞自动机模型的基础理论和基本原理。

（2）掌握使用 IDRISI 软件进行 Markov 和 CA-Markov 对土地利用变化过程模拟的基本步骤和操作过程。

（3）运用 CA-Markov 模型，开展土地利用变化模拟预测，分析土地利用变化的规律。

9.3 实验场景与数据

9.3.1 实验场景

某市地处江汉平原东部，位于长江与汉水的交汇处，土地利用程度高，适宜性好。近些年来，随着城市化的步伐不断加快，某市城市空间范围不断向外扩张，

土地利用面积、类型都发生了明显的变化。因此，使用 CA-Markov 模型进行土地利用变化模拟，可以有效地服务于土地资源利用的合理配置，对该市土地资源发展具有重要的战略和指导意义，也为其他城市土地利用的优化提供了理论参考和借鉴。

9.3.2　实验数据

本实验需要用到数据包括：土地利用数据、高程数据、公路数据等，分别在各类数据部门提供的下载网站上申请下载。具体为：①三期土地利用数据，来源于全球 30m 地表覆盖遥感数据产品——GlobeLand 30；②数字高程模型（DEM）数据，来源于地理空间数据云；③公路、铁路和城市中心点数据，来源于国家基础地理信息中心。

数据说明：wh_2000.tif、wh_2010.tif 和 wh_2020.tif 是城市土地利用栅格数据，存放在 GlobeLand 30 文件夹中；wh_dem.tif 是裁剪的城市 DEM 数据，slope.tif 是根据 DEM 数据处理的坡度数据，存放在 factors 文件夹中；city、railway 和 road 是提取的城市中心点以及主要的道路矢量数据，存放在 factors 文件夹中。

9.4　实验内容与流程

本实验基于元胞自动机模型进行土地利用变化模拟预测，通过构建包含土地利用、路网等数据在内的基础数据集，对该市 2020 年土地利用进行模拟预测。通过实际 2020 年土地利用数据和预测的土地利用数据对比，得到 Kappa 系数为 0.8259，模拟效果良好，进而预测 2030 年的城市土地利用格局时空变化。实验内容包括：①基础数据预处理；②数据导入 IDRISI；③获取 Markov 矩阵；④实现 CA-Markov 模拟预测；⑤制作适宜性图集；⑥模拟精度评价及未来土地利用模拟预测。实验流程如图 9-1 所示。

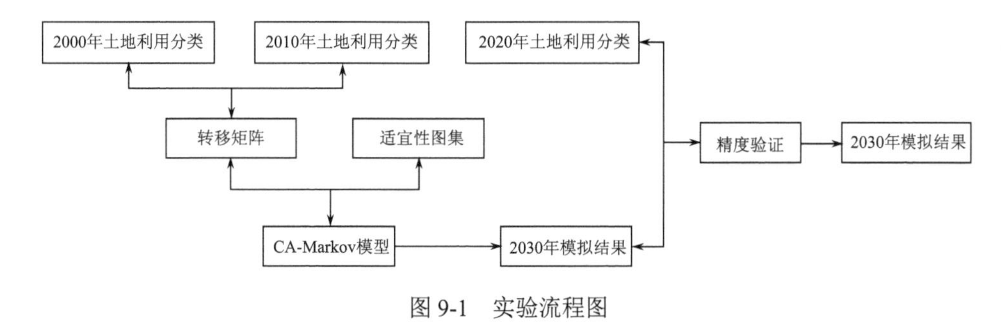

图 9-1　实验流程图

9.5 实验步骤

9.5.1 软件工具

本实验操作过程中主要使用 IDRISI 软件。IDRISI 软件由美国克拉克大学（Clark University）克拉克实验室（Clark Labs）开发，其在栅格分析方面处于行业领先水平，涵盖了全方位的地理信息系统和遥感技术的需求，系统包括遥感图像处理、地理信息系统分析、空间分析、土地利用变化分析、全球变化监测、时间序列分析、地统计分析、图像分割、不确定性和风险分析、变化模拟等 300 多个实用且专业的模块。这一软件集地理信息系统和图像处理功能于一体，为众多相关应用领域提供有力的研究与开发工具。

9.5.2 数据预处理

1. 土地利用数据的处理

在获取GlobeLand30数据的基础上，根据实验下一步的处理要求，使用ArcGIS Pro2.5 软件对基础数据进行预处理，包括影像去黑边、影像镶嵌及裁剪等基本处理步骤。本实验使用的 GlobeLand30 数据包括十大地表类型（表 9-1），这样对土地利用类型进行细致的划分，虽然有助于提高转换规则的精度，但是也容易增加误差。因此，在原有土地覆盖分类体系的基础上，结合某市土地利用现状，从遥感制图和分类精度的角度出发，将分类体系中的 10 类土地利用类型综合成 6 类，选择【Spatial Analyst 工具】→【重分类】→【重分类】工具，其中，1～6 分别表示耕地、林地、草地、水、建设用地和其他用地，如图 9-2 所示。

表 9-1　GlobeLand30 数据的类型赋值及颜色配置表

类型	赋值	颜色		
		R	G	B
耕地	10	250	160	255
森林	20	0	100	0
草地	30	100	255	0
灌木地	40	0	255	120
湿地	50	0	100	255
水体	60	0	0	255
苔原	70	100	100	50
人造地表	80	255	0	0
裸地	90	190	190	190
冰川和永久积雪	100	200	240	255

IDRISI 软件有自己的数据格式要求，不能将 ArcGIS Pro 软件处理后的数据直接在 IDRISI 软件里加载，需要把数据格式转换为 IDRISI 软件支持的数据格式，选择【转换工具】→【由栅格转出】→【栅格转 ASCII】工具，以重分类后的土地利用数据为输入数据，设置输出 ASCII 栅格文件的数据路径即可。

2. 影响因子的处理

（1）坡度：利用高程求坡度，选择【Spatial Analyst 工具】→【表面】→【坡度】工具，以 DEM 数据为输入数据，输出 Slope 栅格数据，Z 因子设置为默认值即可。

（2）水体：影响因子水体是由 2010 年的土地利用数据重分类得到，将水体赋值为 1，其余用地类型赋值为 0。

输入栅格
wh_2000.tif
重分类字段
Value
重分类
对新值取反

值	新建
0	6
10	1
20	2
30	3
50	4
60	4
80	5
90	6
NODATA	NODATA

唯一　分类
输出栅格
Reclass-2000
将缺失值更改为 NoData

图 9-2　在 ArcGIS Pro2.5 软件中对土地利用类型重分类

9.5.3　数据导入 IDRISI 软件

1）新建工程目录

打开 IDRISI 软件，点击左侧 Idrisi Explorer 中的【Projects】工具，然后右键点击【New Project】添加数据所在的文件夹，即可新建一个工程目录（图 9-3）。本案例中添加的数据所在文件夹为 IDRISI 文件夹。

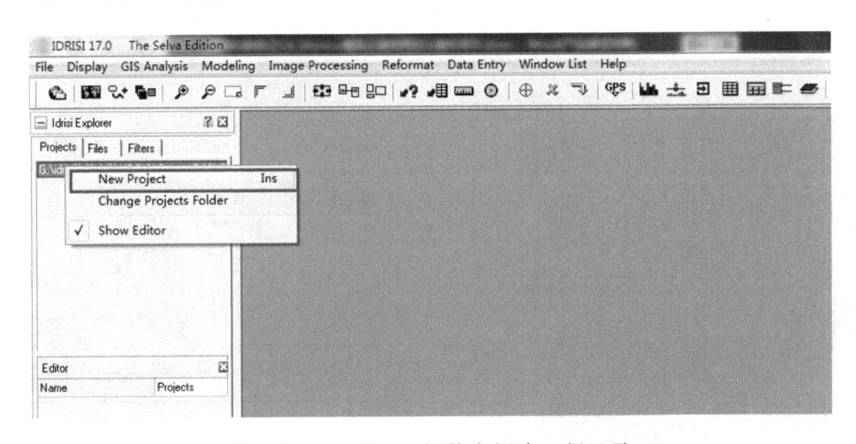

图 9-3　在 IDRISI 软件中新建工程目录

2）栅格数据导入 IDRISI 软件

栅格图像是 IDRISI 软件中最基本和最重要的数据类型，它带有系统自动分配的“.rst”文件扩展名。本实验将前期处理的具有相同分辨率、坐标系和行列数的栅格数据导入 IDRISI 的方法是【Import】→【Software-Specific Formats】→【ESRI Formats】→【ARCRASTER】。在 ArcRaster-ArcInfo Raster Exchange Format 对话框中（图 9-4），选择【ArcInfo raster ASCII format to Idrisi】选项，选择输入的 ASCII 文件，然后点击【Output reference information…】（指定输入文件的空间参考）按钮，弹出 Reference Parameters 对话框，再点击【OK】即可导入栅格数据，图 9-5 即为导入的土地利用图像。

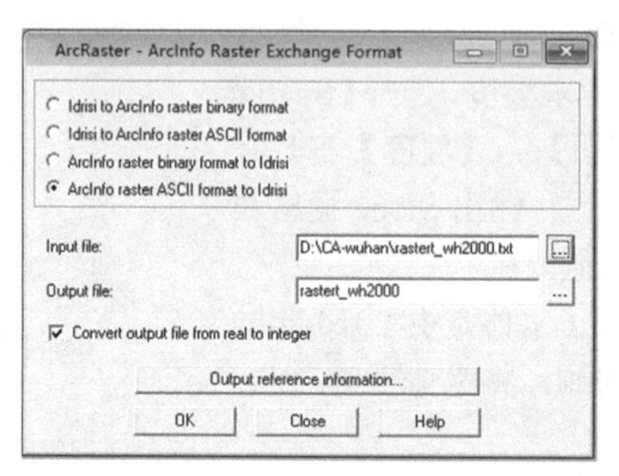

图 9-4　ArcRaster-ArcInfo Raster Exchange Format 对话框

从图例中可以看出，导入的土地利用图像作为连续的文件被 IDRISI 识别，因此需要对其进行重分类以变成离散的文件。重分类用到的工具是【RECLASS】，如图 9-6 所示。

图 9-5* 在 IDRISI 软件里导入的土地利用图像

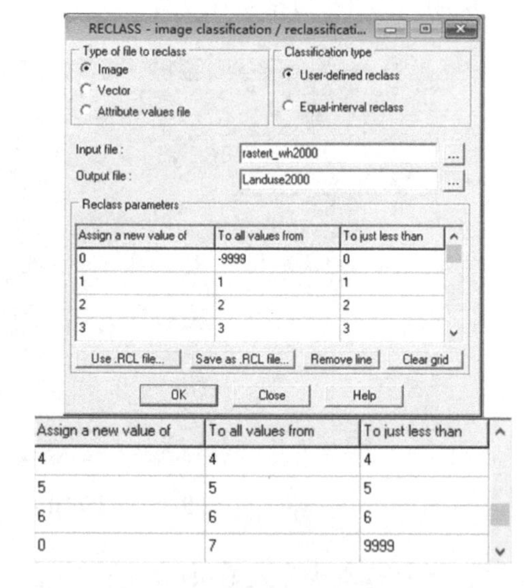

图 9-6　在 IDRISI 软件里对导入的土地利用图像重分类

从【To all values from】到【To just less than】给定一个新值【Assign a new value of】，例如从 1 到 1 赋值为 1，即第一类土地利用类型。首行和尾行的赋值是为了避免两种软件在互相转化的过程中出现错误的值，从而有利于数据的处理和一致性。分类结果如图 9-7 所示。

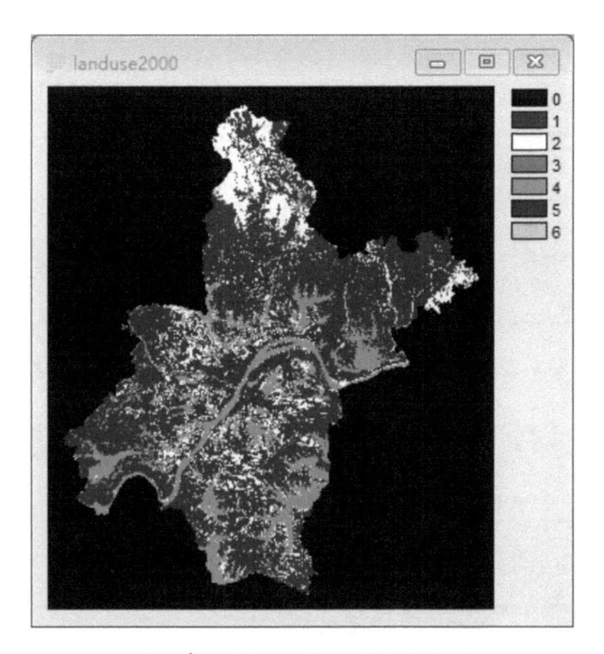

图 9-7* 重分类后的土地利用图像

3）矢量数据导入 IDRISI 软件

IDRISI 支持四种矢量文件类型：点、线、多边形和文本形式，它们都以自动生成的“.vct”扩展名来存储，存储在带有编码的结构里。

（1）先将矢量数据导入 IDRISI，选择【Import】→【Software-Specific Formats】→【ESRI Formats】→【SHAPEIDR】工具。在 SHAPEIDR-Shapefile/Idrisi conversion 对话框（图 9-8）中，选择输入文件，设置输出路径，其他选项默认即可。

（2）因为模拟过程所用的数据类型是栅格数据，所以要将导入的矢量数据转为栅格数据，选择【Reformat】→【RASTERVECTOR】工具。在 RASTERVECTOR-Raster/Vector conversion 对话框中，Raster/Vector- Vector/ Raster 选择 Vector to raster，即矢量转栅格；Conversion option 为选择转换的数据类型；Vector line file 为输入数据，即导入的矢量数据；Image file to be updated 为输出数据，即转为的栅格数据。点击【OK】会弹出 RASTERVECTOR 对话框，表示要生成的栅格数据并没有空间相关信息，需要提供一个已有的栅格数据对它进行初始化。点击“是”（Y），会弹出 INITIAL-image initialization 选项卡（图 9-9），选择导入的土地利用数据对其进行初始化即可。

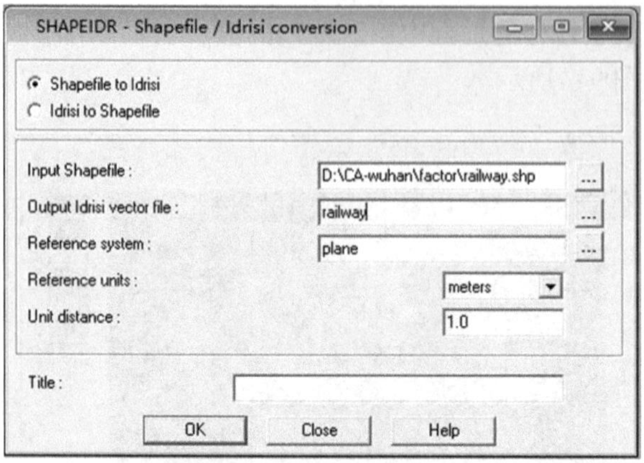

图 9-8　SHAPEIDR-Shapefile/Idrisi conversion 对话框

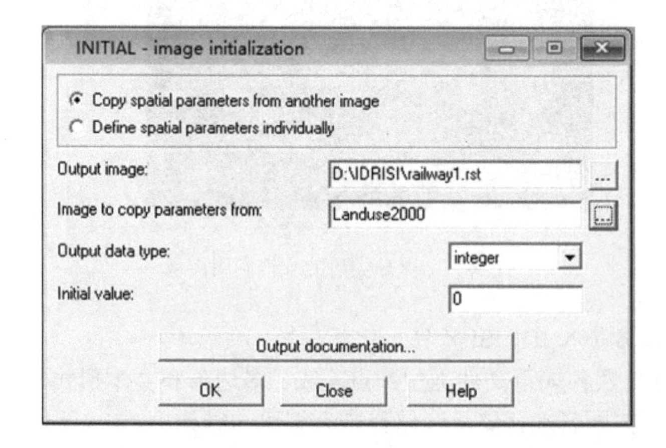

图 9-9　INITIAL-image initialization 选项卡

9.5.4　获取 Markov 转移矩阵

用 Markov 模型分析两个不同时间的土地利用差异，产生转移矩阵和适宜性栅格文件集。选择【Modeling】→【Environmental/Simulation models】→【Markov】工具进行设置（图 9-10）。

（1）表示获取转换矩阵的前一期图像，即重分类后的 2000 年土地利用图像。

（2）表示获取转换矩阵的后一期图像，即重分类后的 2010 年土地利用图像。

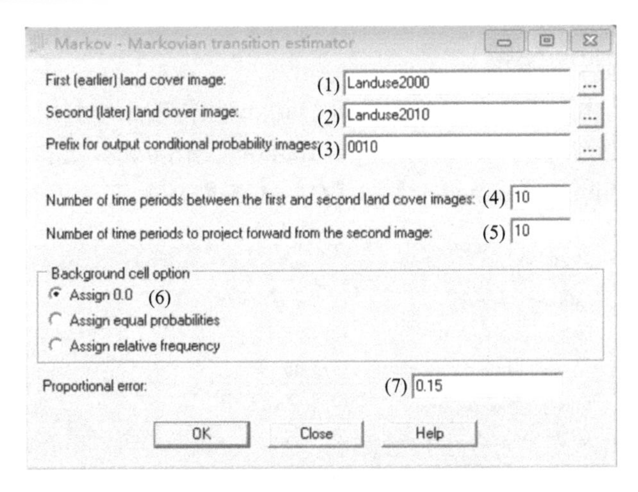

图 9-10　Markov 模块界面设置

（3）表示模型中输出条件概率的前缀，即从 2000 年到 2010 年变化的信息，可命名为 0010。

（4）表示两期图像之间的时间间隔，这里是 10 年。

（5）表示预测下一年份的时间周期，这里设置为 10 年，即模拟 2020 年的土地利用情况。

（6）表示背景值选项，无论选择哪一项，对 Markov 矩阵计算结果无影响。

（7）表示比例误差，一般设置为 0.15。

获取的 Markov 转移矩阵记录了在下一个时期，从每个土地利用类型转换为其他土地利用类型的比例。此过程会生成 Markov 转移面积矩阵和转移概率矩阵两个文本文档及一个适宜性文件集（图 9-11）。适宜性文件集包含 6 个子图像，1～6 分别对应土地利用图像中的 6 个用地类型。

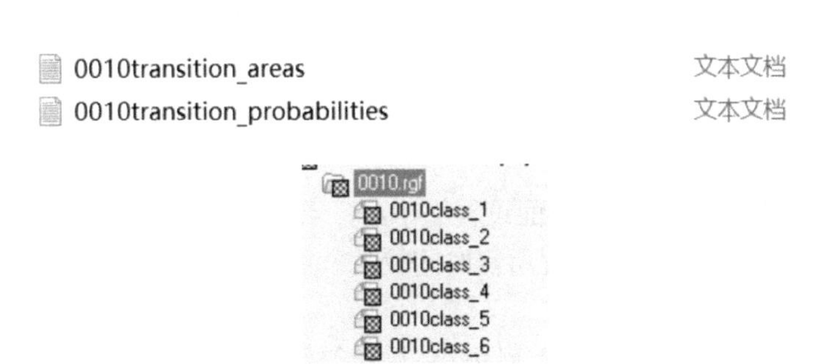

图 9-11　Markov 模块生成的文件

9.5.5 CA-Markov 模拟

CA-Markov 模型集合了 CA 模型和 Markov 模型的土地利用变化程序，附加一个空间邻近成分以及空间转换分布的 Markov 变化分析，选择【Modeling】→【Environmental/Simulation models】→【CA-MARKOV】工具（图 9-12）。

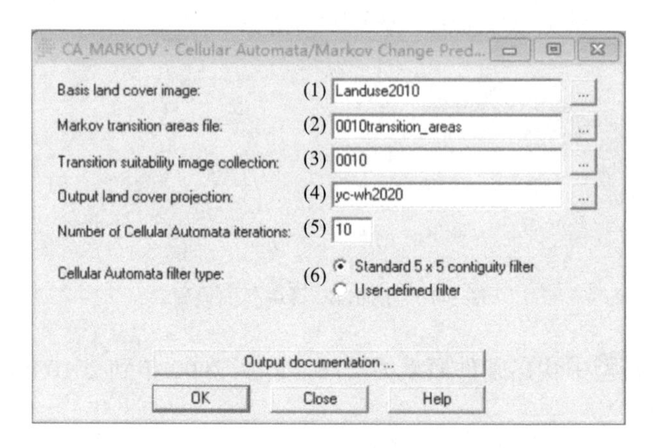

图 9-12 CA-MARKOV 模块界面的设置

（1）表示模拟 2020 年的土地利用需要依据的图像，即重分类后的 2010 年土地利用图像。

（2）表示 Markov 转移面积矩阵文件，即 2000～2010 年的转移面积矩阵。

（3）表示适宜性图集，即 Markov 转移矩阵时所获得的从 2000 年到 2010 年土地利用变化信息的 0010 文件作为适宜性图集。

（4）表示输出模拟的土地利用变化数据，选择默认路径，命名为 yc-wh2020。

（5）表示元胞自动机循环次数。元胞自动机循环次数的确定与土地利用转移矩阵生成的研究时段相关，通常是研究时期间隔的倍数，本实验可以取 10、20、30 等，数字越大，需要的模拟时间越长。

（6）表示元胞自动机邻域结构的设定，系统默认的是 5×5 大小的冯·诺依曼邻域类型。

上述 CA-MARKOV 模块界面设置完毕后，点击【OK】，即开始模拟 2020 年的土地利用变化。注意：该过程所需时间较长。图 9-13 即为 2020 年土地利用变化模拟结果。

因为选择的适宜性图集是由 Markov 操作得到的，所以此图像完全是根据早期两个土地利用图像得到的模拟结果，没有考虑高程、坡度、路网等信息。

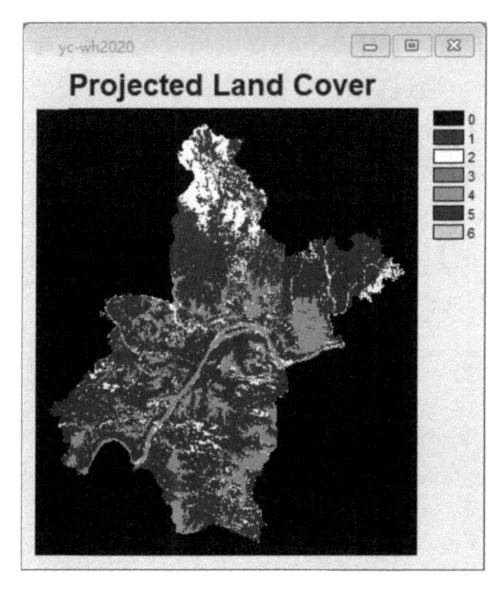

图 9-13[*]　2020 年土地利用变化模拟结果

9.5.6　制作适宜性图集

适宜性图集的制作是提高元胞自动机模型模拟精度的重要环节，通过建立不同情景的适宜性图集，可以模拟更符合实际的土地利用现状格局。本实验采用布尔运算，即以土地利用类型是否适宜转换为准则，对因子进行二值化，适宜则为 1，反之为 0。这种方法通过对因子的简化，运用逻辑和操作得到适宜性图像，相比其他方法更具可适性。选择水域作为约束条件，基于上述收集的适宜性因子，使用模糊隶属度函数将其值拉伸到 0～255 内，经过模糊标准化、函数选择和权重赋值等操作，得到耕地、林地、建设用地等土地利用类型的适宜性图像。利用 IDRISI 软件的集合编辑器模块，将各适宜性图像按顺序排列，生成土地利用转移适宜性图集。

1）通过【DISTANCE】工具进行公路、铁路和城市的距离标准化处理

直接在搜索栏搜索【DISTANCE】，弹出图 9-14 对话框，输入图像为矢量转栅格后的数据。

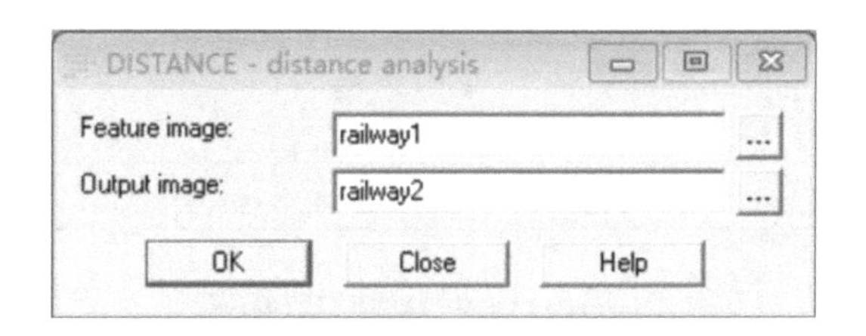

图 9-14　DISTANCE 工具对话框

2）通过【Fuzzy】工具进行因子的模糊标准化处理

Fuzzy 即模糊分析，通过提供单调递增或者单调递减的 Sigmoidal、J-shaped、Linear 以及用户定义的 4 种函数形式，结合各个因子选取合适的标准化函数，最终完成因子的标准化处理。标准化处理后的图层能够将因子条件分布在 0～255 的连续范围内，靠近 0 代表不适宜，靠近 255 则代表最适宜。

选择【GIS Analysis】→【Decision Support】→【Decision Wizard】工具。新建一个文件，命名为“suit_1”（图 9-15），表示制作的第一个适宜性图像。

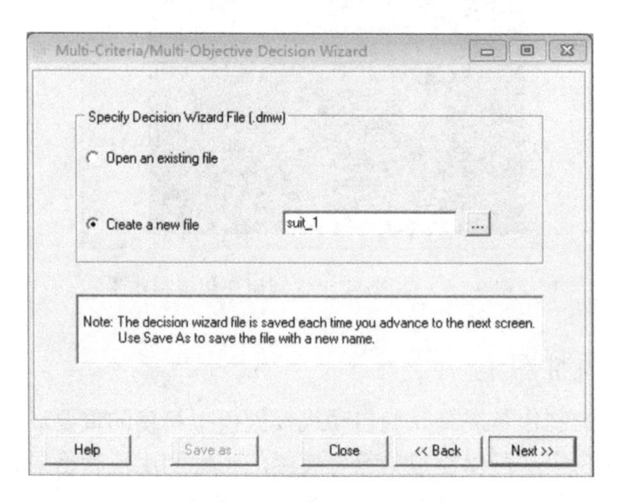

图 9-15　新建适宜性图像

构建土地利用类型中的第一类用地的适宜性图像，即耕地（图 9-16）。

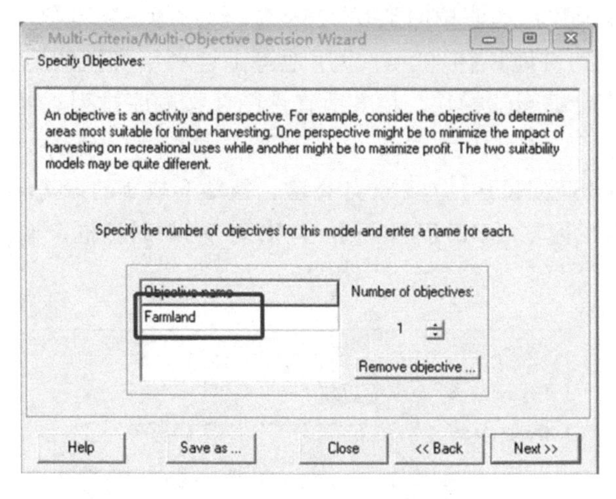

图 9-16　构建耕地适宜性图像

点击【Next】到因子说明界面（图 9-17）。在本操作中一共有两种因子，第一种是限制因子，即该地方不可以进行土地利用变化。本实验将限制因子设为“水体”。第二种是影响因子，即能够影响土地利用变化的因子，如到道路的距离、高程、坡度等。

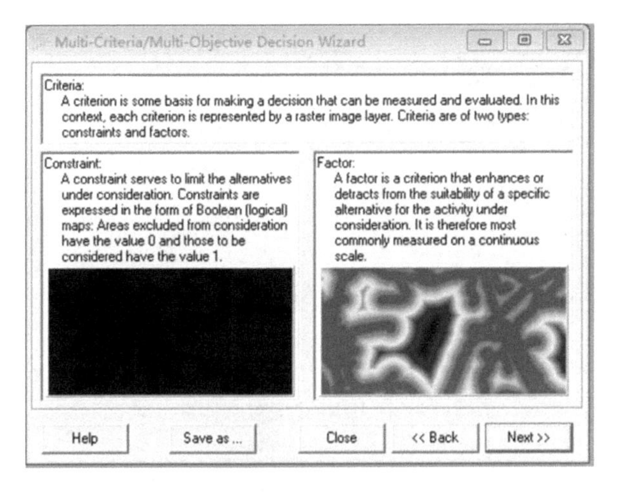

图 9-17　因子说明

点击【Next】选择限制因子（图 9-18），水体是不发生土地利用变化的。

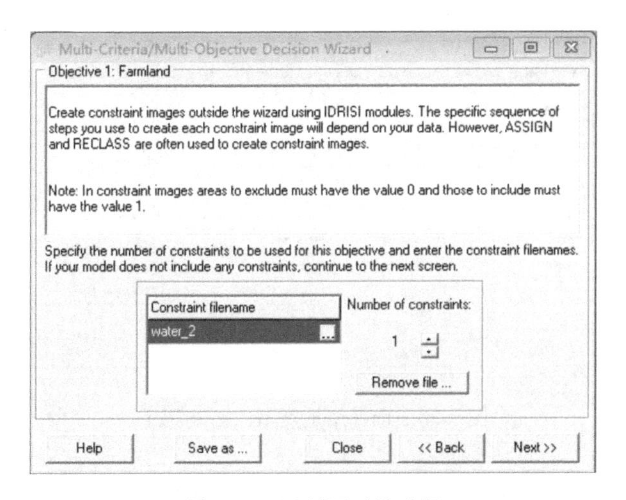

图 9-18　限制因子的选择

注意：在 ArcGIS 里对 2010 年的水体重分类后，需要在 IDRISI 里再次重分类，利用的工具是【RECLASS】重分类。将水体的部分设为 0，其他部分设为 1（图 9-19）。0 的部分不能发生土地利用变化，1 的部分可以发生土地利用变化。

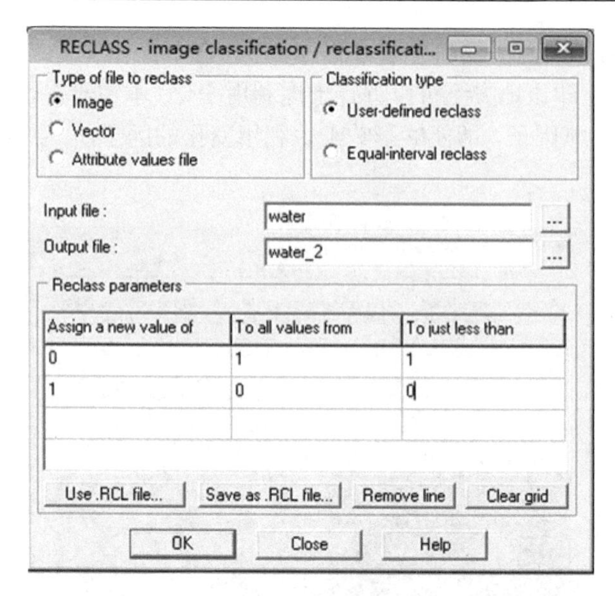

图 9-19　在 IDRISI 里对水体重分类

建立与耕地有关的适宜性图像，选择高程和坡度作为影响因子（图 9-20）。

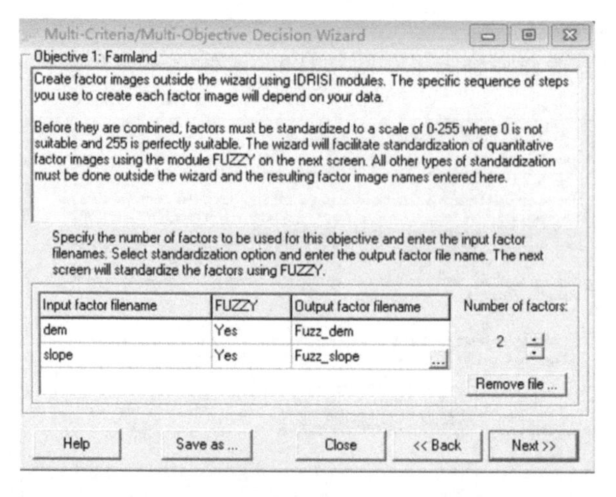

图 9-20　选择用地类型的影响因子

点击【Next】，选择 dem 和 slope 这两个因子是通过哪一种方式和哪一种函数形式来影响耕地（图 9-21）。c、d 的值可通过【Histogram】（直方图）得到，直方图提供图像像元值或数字的频率直方图和统计值。若“Minimum value for display”为–9999 则需要改为 0；“Class width”选择合适的间隔（图 9-22）。

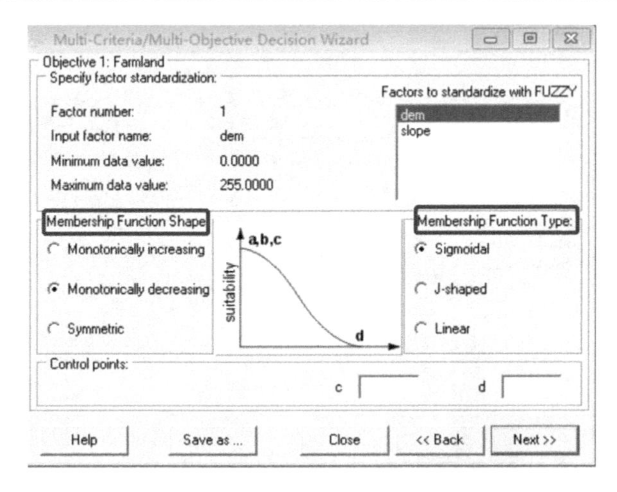

图 9-21　选择影响因子的函数类型

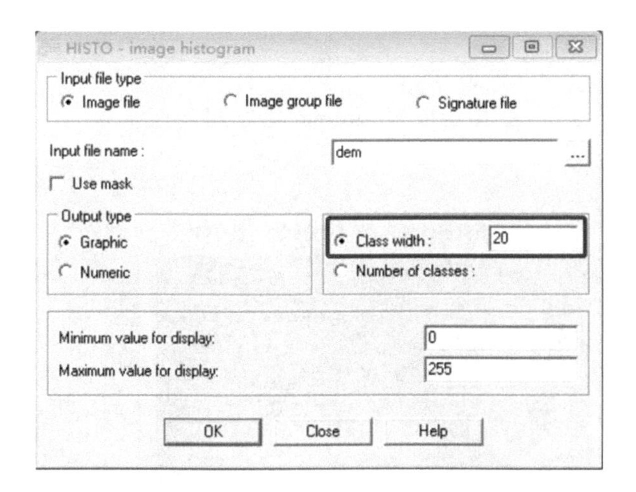

图 9-22　Histo 模块界面的设置

选择突出变化的两个值填入 c、d 中，本实验选择的值分别为 20 和 80（图 9-23）。点击【Next】软件运行可生成关于 Dem 的适宜性图像（图 9-24）。

3）确定标准化处理后图像的权重

（1）对 2 个影响因子确定权重的方法是 User-defined weight（图 9-25）。结合相关文献，输入因子的权重值（图 9-26），点击【Next】弹出“Ordered weighted averaging（OWA）”选项卡，表示除了权重之外各个因素的先后顺序也会影响最终的适宜性图集。本实验中先后顺序并不影响结果，因此选择“No OWA”，接着弹出已选择信息的汇总界面（图 9-27），最后点击【Next】生成耕地的适宜性图像（图 9-28）。

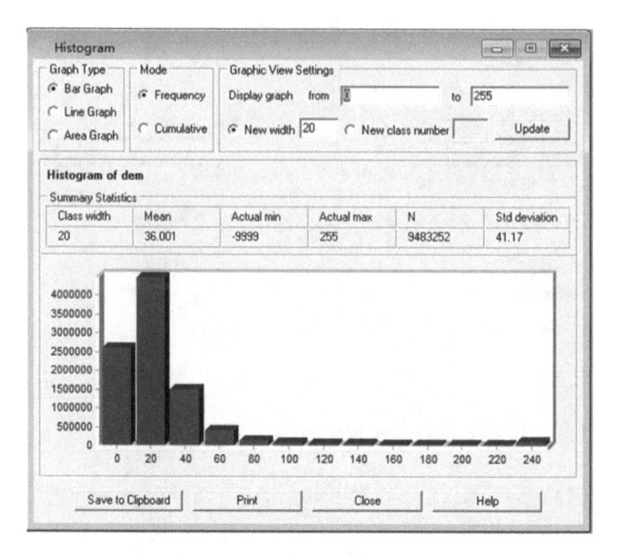

图 9-23　Histogram 模块结束界面

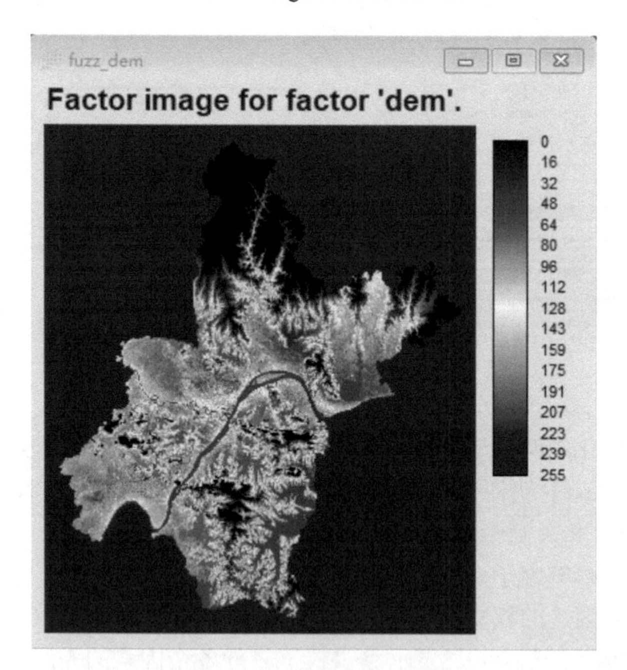

图 9-24*　Dem 的适宜性图像

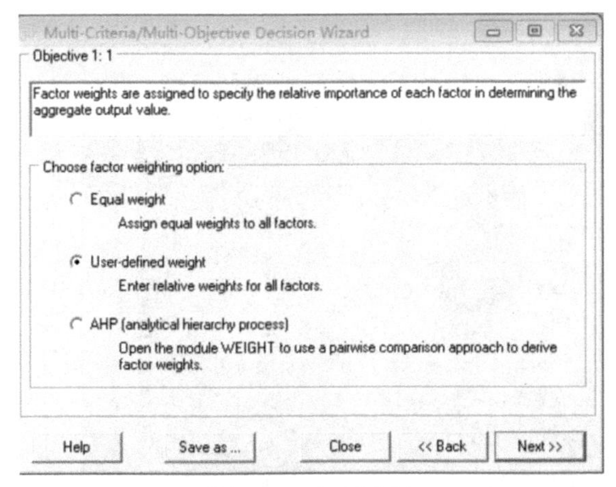

图 9-25　权重选择

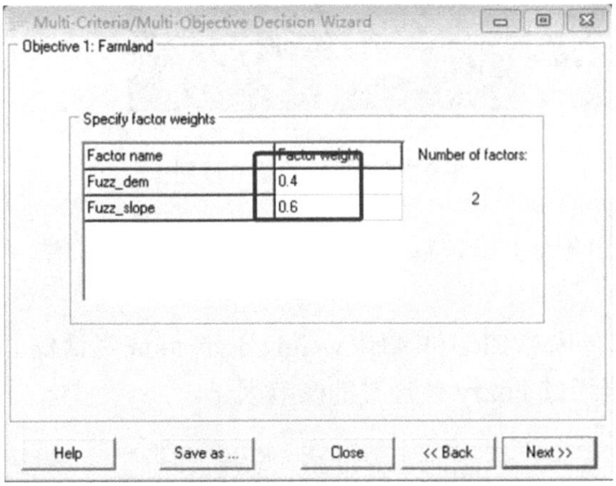

图 9-26　指定 dem 和 slope 的权重值

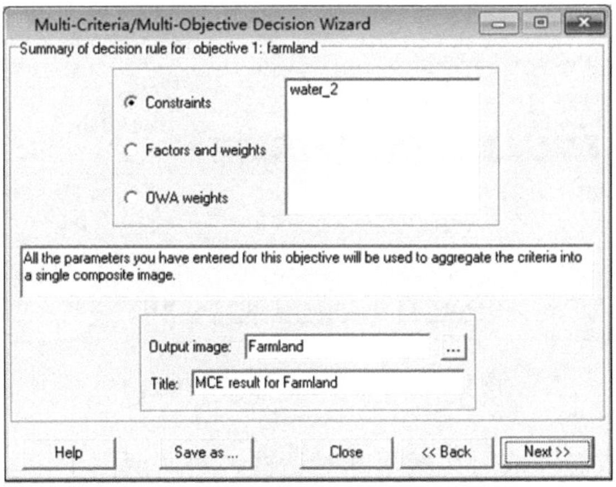

图 9-27　对已选择信息的汇总

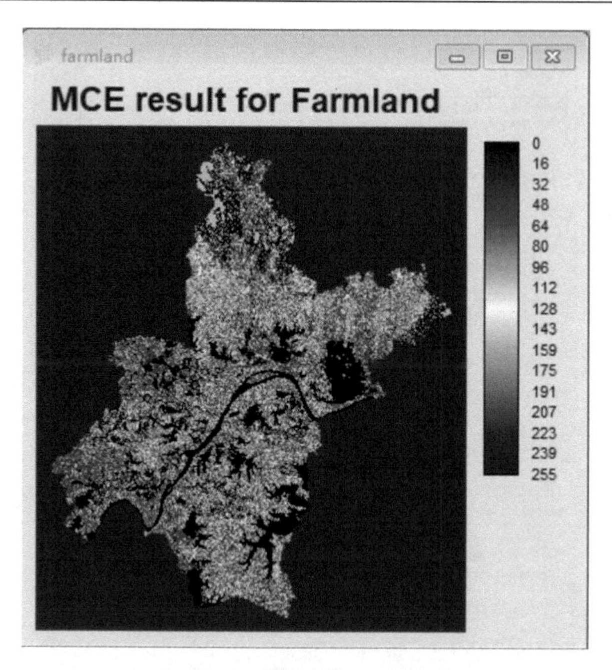

图 9-28* 耕地的适宜性图像

（2）对多个影响因子确定权重大小的方法是层次分析法（analytic hierarchy process，AHP）。

点击【Next】弹出 WEIGHT-AHP weight derivation 对话框（图 9-29），创建一个新文件并输入已经过 Fuzzy 处理过的影响因子。

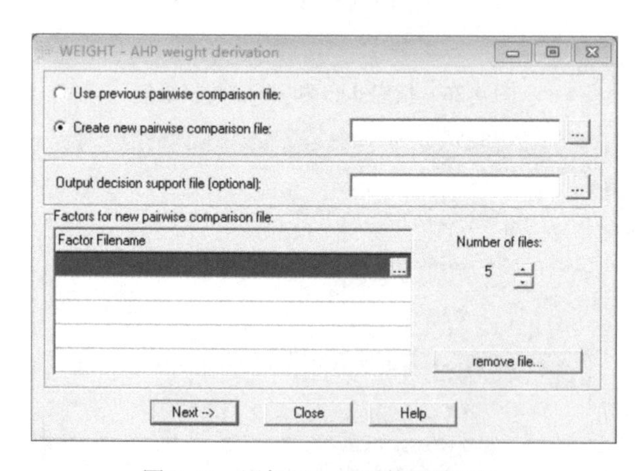

图 9-29 添加 Fuzzy 后的影响因子

（3）输入完成进入成对比较矩阵对话框，对两两因子相互比较，然后点击【Calculate weights】即可算出各因子的权重值（图 9-30）。注意结果显示“Consistency is acceptable.”才可以使用各因子的权重值，若显示“Consistency is unacceptable.”则需要重新设置各因子的权重比例。

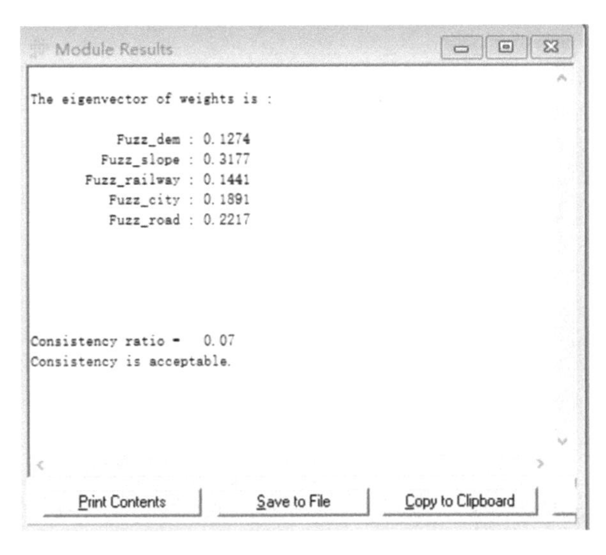

图 9-30　建设用地各影响因素的权重值

将建设用地各影响因子的权重值输入到“Specify factor weights”列表中，点击【Next】，后续步骤与（1）中一样，即可得到建设用地的适宜性图像。

（4）完成 5 类用地的适宜性图像后用【Collection Editor】工具合成一个适宜性文件集（图 9-31）。插入的 Collection members 图像顺序要严格按照土地利用图像上的图例顺序，点击【File】→【Save】保存即可。

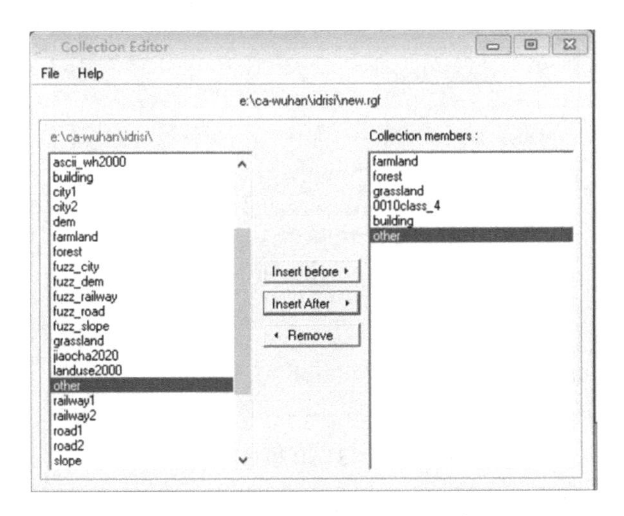

图 9-31　Collection Editor 界面

在 CA_MARKOV 界面（图 9-32）的“Transition suitability image collection”选项中，选择制作的适宜性图集，即可模拟预测 2020 年的土地利用图像。

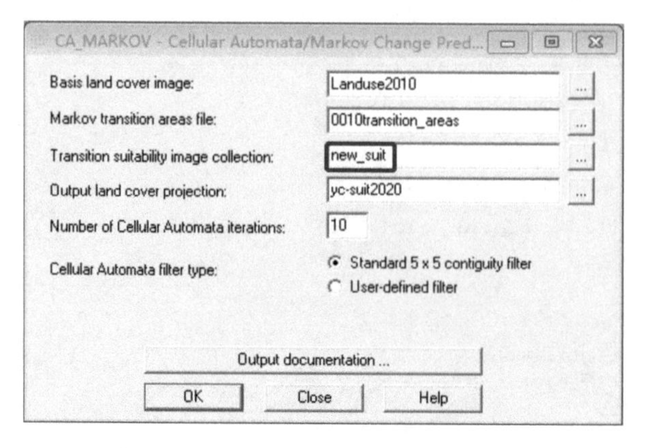

图 9-32　CA_MARKOV 模块界面的设置

9.5.7　精度验证及预测

为验证 2020 年土地利用模拟结果的可靠性，本实验采用 Kappa 系数对模拟结果的精度进行检验。选择【GIS Analysis】→【Database Query】→【CROSSTAB】工具（图 9-33）。

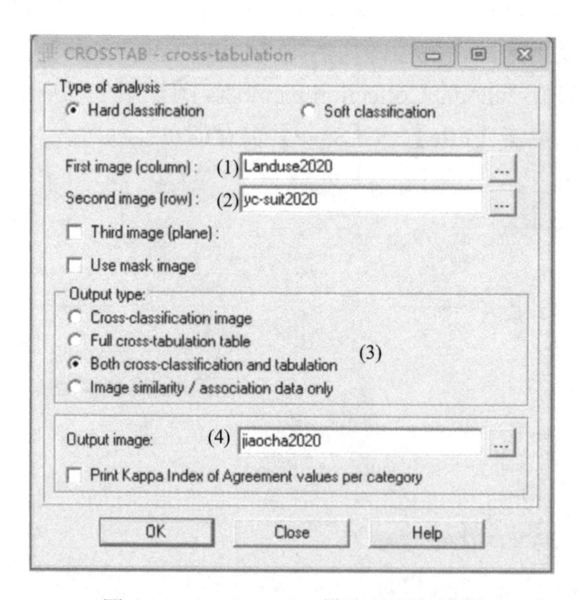

图 9-33　CROSSTAB 模块界面的设置

（1）表示实际的土地利用图像，即 2020 年重分类后的土地利用图像。

（2）表示模拟的土地利用图像，即 2020 年模拟的土地利用图像。

上述二者的顺序是可以调换的。

（3）表示输出数据的类型，第一个表示只生成交叉分类图（图 9-34）；第二个表示只生成精度表（图 9-35）；第三个表示既有图又有表；第四个表示只有简单的数据。

（4）表示输出交叉分类图，可选择输入名称及输出路径。

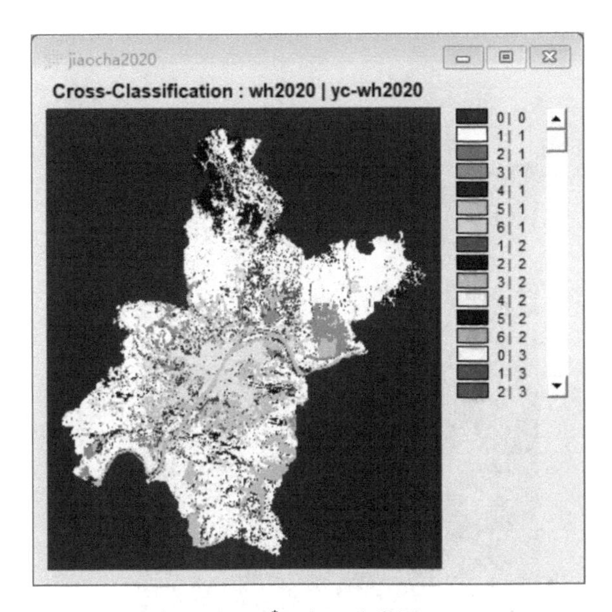

图 9-34* 交叉分类图

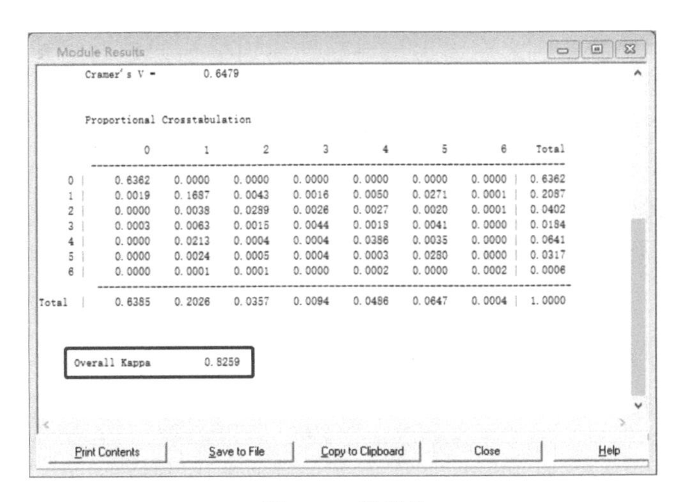
Module Results

Cramer's V = 0.6479

Proportional Crosstabulation

	0	1	2	3	4	5	6	Total
0	0.6362	0.0000	0.0000	0.0000	0.0000	0.0000	0.0000	0.6362
1	0.0019	0.1687	0.0043	0.0016	0.0050	0.0271	0.0001	0.2087
2	0.0000	0.0038	0.0289	0.0026	0.0027	0.0020	0.0001	0.0402
3	0.0003	0.0063	0.0015	0.0044	0.0018	0.0041	0.0000	0.0184
4	0.0000	0.0213	0.0004	0.0004	0.0386	0.0035	0.0000	0.0641
5	0.0000	0.0024	0.0005	0.0004	0.0003	0.0280	0.0000	0.0317
6	0.0000	0.0001	0.0001	0.0000	0.0002	0.0000	0.0002	0.0006
Total	0.6385	0.2026	0.0357	0.0094	0.0486	0.0647	0.0004	1.0000

Overall Kappa 0.8259

Print Contents　Save to File　Copy to Clipboard　Close　Help

图 9-35 精度表

使用 Kappa 系数对模拟结果做一致性评价，当结果与参照完全一致时，Kappa 系数达到最大值 1，Kappa 系数越大，说明一致性越好。当 Kappa≥0.75 时，两者一致性较高，变化较小；当 0.4≤Kappa≤0.75 时，两者一致性一般，变化较为明显；当 Kappa≤0.4 时，两者一致性较低，变化较大。本实验通过实际土地利用数据和模拟预测土地利用数据对比，得到 Kappa 系数为 0.8259，模拟效果良好。

在满足精度验证的基础上，以 2020 年土地利用为基期数据，根据 Markov 模型得到 2010～2020 年土地利用转移矩阵，结合适宜性图集作为转换规则，采用 CA-Markov 模型模拟城市 2030 年的土地利用空间格局，结果如图 9-36 所示。

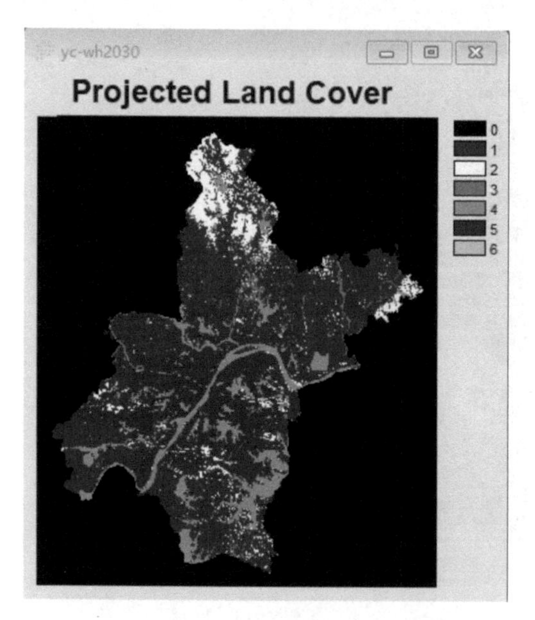

图 9-36* 2030 年土地利用变化模拟结果

9.6 思 考 题

（1）不同邻域类型和不同邻域大小下模拟出来的结果有何差异？

（2）在制作适宜性图集的时候需要注意哪些问题才能更好地提高模拟的精度？

主要参考文献

陈超, 何新月, 傅姣琪, 等. 2019. 基于缨帽变换的农田洪水淹没范围遥感信息提取. 武汉大学学报(信息科学版), 44(10): 1560-1566.

陈洁, 陆锋, 程昌秀. 2007. 可达性度量方法及应用研究进展评述. 地理科学进展, 26(5): 100-110.

杜嵘. 2015. 城市空间的演进模拟与计算: 城市化进程中的城市形态管理与控制量化分析方法. 南京: 东南大学出版社.

高海东, 任宗萍, 庞国伟. 2021. 地理信息科学实践——基于 ArcGIS Pro. 北京: 水利水电出版社.

靳诚. 2008. 基于路网结构的南京市区旅游景点可达性分析. 南京: 南京师范大学硕士学位论文.

黎夏, 叶嘉安, 刘小平, 等. 2007. 地理模拟系统:元胞自动机与多智能体. 北京: 科学出版社.

李俊晓, 李朝奎, 殷智慧. 2013. 基于 ArcGIS 的克里金插值方法及其应用. 测绘通报, (9): 87-90.

李仁杰. 2020. 地图学与 GIS 集成实验教程. 北京: 科学出版社.

李少英, 刘小平, 黎夏, 等. 2017. 土地利用变化模拟模型及应用研究进展. 遥感学报, 21(3): 329-340.

宋帮英, 苏方林. 2010. 我国省域碳排放量与经济发展的 GWR 实证研究. 财经科学, (4): 41-49.

汤国安, 杨昕. 2021. ArcGIS 地理信息系统空间分析实验教程. 2 版. 北京: 科学出版社.

万荣荣, 戴雪, 王鹏. 2020. 鄱阳湖湿地时空格局演变及其水文响应机制. 南京: 东南大学出版社.

汪亮, 曾国荪, 袁禄来. 2007. 基于地图划分的选址方法. 计算机工程与应用, (5): 211-214.

王雅楠, 赵涛. 2016. 基于 GWR 模型中国碳排放空间差异研究. 中国人口·资源与环境, 26(2): 27-34.

王颖, 王强国. 2020. 基于 GIS 技术的海绵城市内涝灾害数值可视化研究. 灾害学, 35(2): 70-74.

王远. 2011. 环境信息系统实验教程. 南京: 南京大学出版社.

吴浩, 陈晓玲, 赵红梅. 2013a. 土地利用分形模拟的空间尺度效应研究. 北京: 科学出版社.

吴浩, 周璐, 史文中, 等. 2013b. 基于正交试验设计的土地利用变化元胞自动机模拟过程的尺度敏感性分析. 地理科学, 33(10): 1252-1258.

肖磊. 2020. 空间统计模型在经济社会发展中的应用研究. 武汉: 武汉大学出版社.

徐建华, 陈睿山, 等. 2017. 地理建模教程. 北京: 科学出版社.

尹海伟, 孔繁花. 2016. 城市与区域规划空间分析实验教程. 2 版. 南京: 东南大学出版社.

原野, 师学义, 牛姝烨, 等. 2015. 基于 GWR 模型的晋城市村庄空心化驱动力研究. 经济地理, 35(7): 148-155.

张春梅. 2017. 区域经济空间极化与协调发展. 南京: 东南大学出版社.

张书亮, 戴强, 辛宁, 等. 2021. GIS 综合实验教程. 北京: 科学出版社.

周成虎, 孙战利, 谢一春. 1999. 地理元胞自动机研究. 北京: 科学出版社.

周侃, 李九一, 王强. 2021. 基于资源环境承载力的农业生产空间评价与布局优化——以福建省为例. 地理科学, 41(2): 280-289.

Ahola T, Virrantaus K, Krisp J M, et al. 2007. A spatiotemporal population model to support risk assessment and damage analysis for decision-making. International Journal of Geographical Information Science, 21(8): 935-953.

Anderson T K. 2009. Kernel density estimation and K-means clustering to profile road accident hotspots. Accident Analysis and Prevention, 41(3): 359-364.

Birant D, Kut A. 2007. ST-DBSCAN: An algorithm for clustering spatial-temporal data. Data and Knowledge Engineering, 60(1): 208-221.

Chen F W, Liu C W. 2012. Estimation of the spatial rainfall distribution using inverse distance weighting(IDW)in the middle of Taiwan. Paddy and Water Environment, 10(3): 209-222.

Hu X, Waller L A, Al-Hamdan M Z, et al. 2013. Estimating ground-level PM (2. 5) concentrations in the southeastern U. S. using geographically weighted regression. Environmental Research, 121(FEB.): 1-10.

Price M H. 2022. Switching to ArcGIS Pro from ArcMap. Redlands: ESRI Press.

Tran F, Morrison C. 2020. Income inequality and suicide in the United States: A spatial analysis of 1684 U. S. counties using geographically weighted regression. Spatial and Spatio-temporal Epidemiology, 34(1): 100359.

Wu H, Li Z, Clarke K C, et al. 2019. Examining the sensitivity of spatial scale in cellular automata Markov chain simulation of land use change. International Journal of Geographical Information Science, 33(5-6): 1040-1061.

Wu H, Lin A, Xing X, et al. 2021. Identifying core driving factors of urban land use change from global land cover products and POI data using the random forest method. International Journal of Applied Earth Observation and Geoinformation, 103(4): 102475.